Kurt Gödels Notizen zur Quantenmechanik

Tim Lethen · Oliver Passon
(Hrsg.)

Kurt Gödels Notizen zur Quantenmechanik

Transkriptionen und Kommentare

Hrsg.
Tim Lethen
Department of Philosophy
University of Helsinki, Helsinki, Finland

Oliver Passon
Fakultät für Mathematik und
Naturwissenschaften
Bergische Universität Wuppertal
Wuppertal, Deutschland

ISBN 978-3-662-63807-1   ISBN 978-3-662-63808-8 (eBook)
https://doi.org/10.1007/978-3-662-63808-8

Die Deutsche Nationalbibliothek verzeichnet diese Publikation in der Deutschen Nationalbibliografie; detaillierte bibliografische Daten sind im Internet über http://dnb.d-nb.de abrufbar.

© Der/die Herausgeber bzw. der/die Autor(en), exklusiv lizenziert durch Springer-Verlag GmbH, DE, ein Teil von Springer Nature 2021
Das Werk einschließlich aller seiner Teile ist urheberrechtlich geschützt. Jede Verwertung, die nicht ausdrücklich vom Urheberrechtsgesetz zugelassen ist, bedarf der vorherigen Zustimmung des Verlags. Das gilt insbesondere für Vervielfältigungen, Bearbeitungen, Übersetzungen, Mikroverfilmungen und die Einspeicherung und Verarbeitung in elektronischen Systemen.
Die Wiedergabe von allgemein beschreibenden Bezeichnungen, Marken, Unternehmensnamen etc. in diesem Werk bedeutet nicht, dass diese frei durch jedermann benutzt werden dürfen. Die Berechtigung zur Benutzung unterliegt, auch ohne gesonderten Hinweis hierzu, den Regeln des Markenrechts. Die Rechte des jeweiligen Zeicheninhabers sind zu beachten.
Der Verlag, die Autoren und die Herausgeber gehen davon aus, dass die Angaben und Informationen in diesem Werk zum Zeitpunkt der Veröffentlichung vollständig und korrekt sind. Weder der Verlag noch die Autoren oder die Herausgeber übernehmen, ausdrücklich oder implizit, Gewähr für den Inhalt des Werkes, etwaige Fehler oder Äußerungen. Der Verlag bleibt im Hinblick auf geografische Zuordnungen und Gebietsbezeichnungen in veröffentlichten Karten und Institutionsadressen neutral.

Planung/Lektorat: Lisa Edelhaeuser
Springer Spektrum ist ein Imprint der eingetragenen Gesellschaft Springer-Verlag GmbH, DE und ist ein Teil von Springer Nature.
Die Anschrift der Gesellschaft ist: Heidelberger Platz 3, 14197 Berlin, Germany

Geleitwort

Als Michael Faraday dem damaligen Schatzkanzler der Krone, William Gladstone, zeigte, wie ein elektrischer Strom eine Magnetnadel ablenkt, fragte dieser nur: „Wozu soll dies nun gut sein?" Faraday antwortete: „Eines Tages werden Ihre Nachfolger darauf Steuer erheben." Diese Anekdote bringt klar die Bedeutung der Grundlagenforschung für zukünftige wirtschaftliche Anwendungen zum Ausdruck.

Bei der Quantenmechanik war es eigentlich genau umgekehrt. Ihr Ursprung lag im ausgehenden 19. Jahrhundert in der Suche nach effizienten Lichtquellen. Dazu wurden an der damaligen Physikalisch-technischen Reichsanstalt in Berlin Präzisionsmessungen zur Energiedichte der sog. Hohlraumstrahlung vorgenommen. Die dabei beobachteten Diskrepanzen zwischen Theorie und Experiment wurden im Jahr 1900 durch Max Planck aufgelöst. Entscheidend war dabei die Erkenntnis, dass Energie nur in diskreten Einheiten, d. h. in quantisierter Form, vorkommt. Bemerkenswert ist, dass Max Planck beinahe nicht Physik studiert hätte, da ihm der damalige Physik-Professor an der Universität München, Philipp von Jolly, erklärte, dass in dieser Wissenschaft schon fast alles erforscht sei, und es gelte, nur noch einige unbedeutende Lücken zu schließen.

Erst 25 Jahre später wurde die durch Quantenbedingungen ergänzte klassische Mechanik von Arnold Sommerfeld und Niels Bohr, die zunächst große Erfolge in der Atomphysik feiern konnte, aber dennoch bald an ihre Grenzen stieß, durch die endgültige Formulierung der Quantenmechanik von Werner Heisenberg und Erwin Schrödinger abgelöst. Lange galt dieses Gebiet als reine Grundlagenforschung. Erst die Erfindung des Lasers und des Transistors in den späten 50er Jahren des letzten Jahrhunderts mit ihren zahlreichen technischen Anwendungen in unserem Alltag repräsentiert die *erste Quantenrevolution* und bestätigt die Prophezeiung von Michael Faraday.

Die Grundlagen der *zweiten Quantenrevolution,* in der wir uns aktuell befinden, wurden bereits 1935 gelegt. In diesem Jahr erschien die Publikation von Albert Einstein, Boris Podolski und Nathan Rosen mit der provokanten Frage: „Ist die Quantenmechanik vollständig?" Obwohl dieser Artikel damals, mit Ausnahme der Giganten der Quantenmechanik wie Bohr und Schrödinger, wenig Beachtung fand, wissen wir heute, dass ihre Autoren das wesentliche Merkmal der Quantenmechanik offengelegt haben. Es ist das Phänomen der Verschränkung von Quantensystemen, das der Quantenkryptographie, dem Quantenrechner und vielen anderen Anwendungen, die momentan heiß diskutiert werden, zugrunde liegt.

Es ist in diesem für die Weiterentwicklung der Quantenmechanik schicksalhaften Jahr 1935, dass sich Kurt Gödel mit Fragen der Quantenmechanik beschäftigt. In seinen Aufzeichnungen exzerpiert er Originalarbeiten und skizziert seine Gedanken bruchstückhaft. Es ist hoch interessant, diese Fragmente aus heutiger Sicht zu betrachten. Dabei sind viele Bemerkungen nicht offensichtlich, regen aber gerade deswegen zu neuen Ideen an, so z. B. die Bemerkung 220 (QM I):

> Gibt schon die Relativitätstheorie eine Auflösung des Wellenparadoxons? (Weylsche Behauptung)

oder die Bemerkung 221 (QM I):

> Ist die Edd. Ableitung der Energiequanten durch die Analogie mit Kartenmischung korrekt?

Ähnlich faszinierend ist die Behauptung 246 (QM I):

> Analogie zwischen Konstruktion rationaler Zahlen und Konstruktion der Realität ist eine nicht Gehende!

In Bemerkung 49a (QM I) beschreibt Gödel ganz im Sinne von Bohr die Rolle des Beobachters in der Quantenmechanik:

> Die in der Physik vorliegende neue Situation erinnert uns eindringlich an die alte Wahrheit, dass wir sowohl Zuschauer als Teilnehmer in dem großen Schauspiel des Daseins sind.

Der interessierte Leser und Kenner der Quantenmechanik wird in den Gedanken von Gödel die Kernaussagen der Quantenmechanik wiederfinden, aber auch vieles, das Fragen aufwirft. Die Antworten darauf haben durchaus das Potenzial für eine *dritte Quantenrevolution*.

Das Leben und die ungewöhnliche Persönlichkeit von Gödel sind sehr eindrucksvoll in dem Buch von Palle Yourgrau *A world without time* dargestellt. Seine gemeinsamen Spaziergänge mit Einstein sind wohlbekannt. Die letzte Assistentin von Einstein, Bruria Kaufman, berichtete dem Autor dieses Geleitworts, dass Gödel jeden Mittag in Einsteins Büro im Institute for Advanced Study kam und fragte „Gehen wir?". Die beiden liefen los und Frau Kaufman folgte ihnen im gebührenden Abstand. Dennoch konnte sie sehr genau der Unterhaltung folgen. Diese drehte sich nicht, wie man zunächst vermuten würde, um wissenschaftliche Fragen, sondern um Weltpolitik. Gödel berichtete Einstein von Ereignissen, die er in verschiedenen Zeitungen gelesen hatte.

In diese Zeit (also ca. 1950) fällt auch der von Gödel zum 70. Geburtstag von Einstein verfasste Artikel zur Möglichkeit von Zeitreisen in der allgemeinen Relativitätstheorie. Einstein war von dem Geburtstagsgeschenk fasziniert, insbesondere da ihn der gefühlte Unterschied von Vergangenheit und Zukunft auch schon früher beschäftigt hatte. So schrieb er als Antwort auf den Gödelschen Beitrag:

> Kurt Gödel's essay constitutes in my opinion an important contribution to the general theory of relativity, especially to the analysis of the concept of time. The problem here

involved disturbed me already at the time of the building up of the general theory of relativity, without my having succeeded in clarifying it. [...]

Does it make any sense to provide the world-line with an arrow, and to assert that B is before P, A after P? [...]

What is essential in this is the fact, that the sending of a signal is, in the sense of thermodynamics, an irreversible process, a process which is connected with the growth of entropy (whereas, according to our present knowledge, all elementary processes are reversible).

Vom Unvollständigkeitssatz aus dem Jahr 1931 bis zu seinem rotierenden Universum mit geschlossenen Weltlinien hat Gödel die Grenzen der Mathematik und Physik aufgezeigt. Die vom ihm formulierten Fragen zur Quantenmechanik könnten ähnlich weitreichend sein. Der amerikanische Physiker John Archibald Wheeler pflegte zu sagen: „Ninetynine per cent of a great discovery is asking the right question."

In diesem Sinne muss man „nur" die relevanten Bemerkungen in Gödels Notizen zur Quantenmechanik identifizieren. Tim Lethen und Oliver Passon gebührt unser Dank, dass sie uns diese Chance geben.

Ulm
den 6. April 2021

Wolfgang P. Schleich

Vorwort

Die hier vorgelegte Übertragung von Kurt Gödels Notizen zur Quantenmechanik aus der Gabelsberger Kurzschrift ist dem Wortsinn nach *keine* Entdeckung. Jedem Leser des fünften Bandes von Gödels *Collected Works* (Feferman et al., 2003) konnte die Existenz dieser Dokumente aufgefallen sein, denn in der dortigen *finding aid* zum unveröffentlichten Nachlass ist vermerkt:

> Physik Quantenmech. I: Mathematical computation with notes in Gabelsberger shorthand and headings in German and English, written both directions. (*ibid.* S. 508).[1]

Für Gödels Interesse an der Quantenmechanik gibt es auch in der Korrespondenz Hinweise.[2]

Wenn also auch nicht dem Wortsinn nach, so handelt es sich *inhaltlich* sehr wohl um eine Entdeckung, wenn nicht sogar eine Sensation. Denn wie intensiv Gödels Beschäftigung mit *diesem* Zweig der aktuellen Physik seiner Zeit war – und vor allem seine Stellung zu den philosophischen Implikationen der Quantenmechanik – konnte bisher nicht beurteilt werden. Gleichzeitig ist die Hoffnung, dass eines der größten mathematischen Genies des 20. Jahrhunderts Erhellendes zur Deutung der Quantenmechanik beizutragen hat, sicherlich nicht unbegründet.

Das hier betrachtete Material umfasst im Wesentlichen drei Notizbücher, die auf dem Einband von Gödel als „Physik Quantenmechanik I", „Physik Quantenmechanik II" (entstanden 1935) sowie „Aflenz 1936 (Analysis, Physik)" bezeichnet wurden. Es handelt sich um etwa 340 durchlaufend nummerierte Bemerkungen, deren Länge von wenigen Zeilen bis zu mehreren Seiten reicht. Im Original umfassen die ersten beiden Bücher 104 bzw. 90 Seiten. Der betrachtete Abschnitt des Aflenz-Buchs ist lediglich 38 Seiten lang und enthält im Wesent-

---

[1] Eine noch knappere Anmerkung betrifft das Notizbuch „Quantenmechanik II". Das ebenfalls fast ausschließlich der Quantenmechanik gewidmete Aflenz-Notizbuch ist in der *finding aid* jedoch irreführender Weise wie folgt beschrieben: „Aflenz 1936 Analysis, Physik: Mathematical computation with notes in Gabelsberger shorthand (taken while in Aflenz, Austria?), written both directions, plus 4 loose pages" (*ibid.* S. 506).

[2] Etwa im Brief vom 14. März 1933 an von Neumann (Feferman et al., 2003, S. 346).

lichen die Abschrift einzelner Bemerkungen der beiden anderen Notizbücher.[3] Die Quantenmechanik stellt zwar den überwiegenden Gegenstand der Texte dar, sie enthalten aber ebenfalls Bemerkungen zu z. Bsp. mathematischen und philosophischen Fragen.

Der Stil der Darstellung wechselt zwischen aphoristischen Bemerkungen, längeren technischen (auch mathematischen) Ausführungen, Exzerpten und Fragen. Viele Aussagen sind pointiert, etwa am Ende von Ziffer 335 (QM II):

> 335. [...] In der Quantenmechanik (Transformationstheorie) scheint der Gedanke zu sein: jede Größe = jede andere. D. h., die Gesetze sind symmetrisch in allen Größen (was sich darin ausdrückt, dass jede auf Diagonalform gebracht werden kann). [...] Die Grundtatsache unseres Verhältnisses zur Welt ist, dass viele Dinge, die im Grunde dasselbe sind, uns als ganz verschieden erscheinen (z. B. mein Schmerz und der Schmerz des anderen). Die natürliche Verallgemeinerung scheint zu sein, dass im Grunde alles dasselbe ist und uns nur verschieden erscheint [was in der Transformationstheorie durchgeführt ist].

Natürlich ist die Aussagekraft einer solchen aus dem Zusammenhang gerissenen Bemerkung begrenzt. Aber nicht nur der argumentative Zusammenhang, sondern auch eine historische Kontextualisierung sind für die Bewertung notwendig. In dieser Absicht geben wir in Kap. 1 einen Überblick über den persönlich-biographischen und wissenschaftlichen Hintergrund dieser Quelle, bevor sich in Abschn. 1.3 eine erste Beantwortung der Frage anschließt, welche Stellung Gödel in den Interpretationsfragen der Quantenmechanik eingenommen hat.

In Abschn. 1.4 machen wir zudem editionstechnische Anmerkungen, beschreiben das Quellenmaterial genauer und gehen auf einige Spezifika und Besonderheiten der Übertragung aus der Gabelsberger Kurzschrift ein.

Unser Dank gilt an erster Stelle Jan von Plato, ohne dessen herausragende Kenntnis von Gödels Nachlass dieses Buch nicht hätte zustande kommen können, und dessen Vorschlag, einen näheren Blick auf Gödels quantenmechanische Notizen zu werfen, den Stein letztendlich ins Rollen gebracht hat. Ferner geht unser Dank an Maria Hämeen-Anttila und Annika Kanckos in Helsinki, deren motivierender Rat ein zuverlässiger Begleiter war. Für die freundliche Unterstützung am Institute for Advanced Study danken wir Marcia Tucker.

Die vorliegende Arbeit entstand als Teil des von Jan von Plato in Helsinki, Finnland, geleiteten GODELIANA-Projektes, gefördert vom Europäischen Forschungsrat (ERC) im Rahmen des Förderprogramms *Horizont 2020* (Grant Agreement No. 787758) und von der Akademie Finnlands (Decision No. 318066).

---

[3] Die Bemerkungen im Aflenzband sind teilweise gekürzt oder ergänzt. Jederzeit lohnt es sich, eine Anmerkung aus QM I oder QM II daraufhin zu überprüfen, ob (und wie) sie in den Aflenzband übernommen wurde – die Nummerierung ist aber teilweise abweichend; siehe dazu die Anmerkungen zum Quellenmaterial in Abschn. 1.4.

The Kurt Gödel Papers are on deposit with the Manuscripts Division, Department of Rare Books and Special Collections, Princeton University Library. They are used with permission of the Institute for Advanced Study. Unpublished Copyright Institute for Advanced Study. All rights reserved.

April 2021
Tim Lethen
Oliver Passon

Inhaltsverzeichnis

1 Kurt Gödel und die Quantenmechanik................................ 1
    1.1   Biographischer Kontext.................................... 1
    1.2   Physikalischer Kontext 3
    1.3   Kurt Gödel zur Interpretation der Quantenmechanik 6
    1.4   Anmerkungen zur Edition.................................. 15
    Literatur... 23

2 Quantenmechanik I... 27

3 Quantenmechanik II.. 69

4 Aflenz... 99

5 Die Struktur der Quantenmechanik 117

6 Phantasieren über das Ding-an-sich 121

7 Physik 1935 127

8 Literatur Physik 131

Personenverzeichnis 155

Kurt Gödel und die Quantenmechanik 1

Die folgenden Ausführungen dienen der historischen Kontextualisierung und treffen eine Auswahl an relevanten Aspekten. Zunächst geben wir eine Skizze von Gödels Lebensumständen in der Zeit der Anfertigung dieser Notizbücher (also um 1935), wenden uns anschließend der Geschichte der Quantentheorie zu und versuchen zum Abschluss eine erste Beantwortung der Frage, welche Stellung Gödel in den Deutungsfragen der Theorie eingenommen hat.

1.1 Biographischer Kontext

Kurt Gödels (1906–1978)[1] wissenschaftlicher Ruhm ist vor allem mit seinen Arbeiten zur „Unvollständigkeit" mathematischer Systeme aus dem Jahr 1931 verknüpft. Das akademische Jahr 1933/1934 verbrachte der junge Privatdozent der Universität Wien in Princeton, um am *Institute for Advanced Study* (IAS) über diese Resultate eine Reihe von Vorlesungen zu halten.

Im Juni 1934 kehrte er nach Europa zurück und fand Wien im Zustand des politischen Aufruhrs. Der zunehmende Einfluss der Nationalsozialisten zerstörte nicht nur das kulturelle Leben und die Maßnahmen des Kultusministers Kurt Schuschnigg vergifteten zunehmend das geistige Klima an den Universitäten. Am 25. Juli schließlich ermordeten Nationalsozialisten in einem letztlich erfolglosen Putschversuch den österreichischen Kanzler Engelbert Dollfuß und Schuschnigg wurde sein (ebenfalls diktatorisch regierender) Nachfolger. In diese Zeit äußerster Anspannung fiel ein weiteres tragisches Ereignis, nämlich der überraschende Tod von Gödels Lehrer und Mentor, Hans Hahn.

---

[1] An dieser Stelle wird lediglich der persönlich-biographische Kontext der Entstehungszeit von Gödels Arbeiten zur Quantenmechanik beleuchtet. Einen vollständigen Überblick findet der interessierte Leser im Standardwerk von Dawson (1997). Auf diese Darstellung stützen sich auch die folgenden Bemerkungen (*ibid.* S. 101–112).

All diese Umstände mögen bei Gödel zu einem sich verschlechternden körperlichen und seelischen Zustand beigetragen haben, der schließlich sogar zu einem Aufenthalt im mondänen Sanatorium „Westend" in Purkersdorf (bei Wien) im Oktober 1934 führte. Gödels Gesundheitszustand blieb in den folgenden Monaten labil und er sah sich gezwungen, die für 1935 geplante Reise an das IAS in die zweite Jahreshälfte zu verschieben.

Für das Frühjahr des Jahres 1935 ist eine intensive Beschäftigung mit physikalischen Themen belegt. Diese umfasst statistische Mechanik, Optik sowie Quantenmechanik; vielleicht belegte Gödel zu dieser Zeit sogar Physikvorlesungen an der Universität Wien.

Im Sommersemester 1935 veranstaltete Gödel ein Seminar zur mathematischen Logik und ebenfalls in diese Periode fallen bedeutende Beiträge zur Mengenlehre. Die Entstehung der beiden Notizbücher zur Quantenmechanik I und II kann auf diese Zeit datiert werden.[2]

Am 20. September 1935 trat Gödel schließlich die verschobene Reise nach Princeton an. Auf der Überfahrt hatte er mit dem Logiker Paul Bernays und dem Physiker Wolfgang Pauli zwei prominente Reisebegleiter, die ebenfalls einer Einladung an das IAS folgten. Es gibt Hinweise auf intensive Gespräche mit Bernays auf dieser mehrtägigen Überfahrt, aber auch Pauli hat den Austausch mit Gödel gesucht. Es ist kaum vorstellbar, dass dabei die Quantenmechanik kein Gesprächsgegenstand war.

Aus der Zeit in Princeton (also dem Herbst 1935) sind Notizen Gödels zur Differentialgeometrie und Mengenlehre erhalten. Aber bereits im November zwang eine depressive Störung Gödel dazu, den Aufenthalt in den USA vorzeitig abzubrechen. Die Erholung von dieser gesundheitlichen Krise beanspruchte den längsten Teil des folgendes Jahres und es existieren Hinweise auf mehrmonatige Sanatoriumsaufenthalte im Frühjahr bzw. Frühsommer des Jahres 1936. Die bereits erwähnte desolate politische Lage in Österreich mit ihren ganz konkreten Auswirkungen auf die Lebensumstände bestand natürlich unverändert. Mit der Ermordung des von Gödel sehr geschätzten Moritz Schlick am 22. Juni 1936 (verübt im Gebäude der Wiener Universität) ereignete sich zudem ein weiterer Schicksalsschlag.

Gegen Ende des Jahres 1936 kommt es schließlich zu drei Reisen von Gödel in den Kurort Aflenz in der Steiermark (17.–27. August, 2.–24. Oktober und 31. Oktober bis 21. November). Diese Aufenthalte scheinen eher einen Urlaubscharakter gehabt zu haben und bei der zweiten Reise war Gödel in Begleitung seiner späteren Frau Adele. Das Notizbuch „Aflenz 1936" ist vermutlich beim ersten dieser Aufenthalte entstanden.[3]

---

[2] Die Bemerkung 318 (QM II) enthält die Formulierung: „jetzt ist es 12h, 27./VI.1935". Es ist wahrscheinlich, dass Gödel hier das Datum der Niederschrift verwendet hat.
[3] Wieder hilft hier die Bemerkung 318, die Gödel nicht nur in den Aflenzband übernommen, sondern umformuliert hat: „jetzt ist es $\frac{1}{2}4^h$ nachmittags, 19./VIII. 1936". Beachtet man zudem, dass der Aflenzband lediglich 320 Bemerkungen enthält, markiert dieses Datum also vermutlich bereits den Abschluss der Arbeiten.

1.2　Physikalischer Kontext

Kurt Gödels Beschäftigung mit der Quantenmechanik um 1935 fällt in die Zeit ihrer Konsolidierung. Bekanntlich[4] gliedert man die Geschichte der Quantentheorie grob in die Phase der „alten Quantentheorie" zwischen 1900 und 1925/1926 und der anschließenden „neuen" oder „modernen" Quantentheorie.[5]

Während die erste Phase durch Arbeiten von Max Planck, Albert Einstein, Niels Bohr, Arnold Sommerfeld, Paul Ehrenfest (sowie frühe Arbeiten von Werner Heisenberg, Wolfgang Pauli und anderen) dadurch geprägt ist, dass im Wesentlichen die Systeme in Begriffen der herkömmlichen Physik beschrieben werden, die zusätzlichen „Quantenbedingungen" unterworfen sind, kommt es 1925 („Matrizenmechanik" von Heisenberg) und 1926 („Wellenmechanik" von Schrödinger) zur Ausgestaltung von zwei äquivalenten mathematischen Formalismen, die die Eigengesetzlichkeit der Quantentheorie stärker betonen.

Einige Meilensteine der sich anschließenden Entwicklung waren die Wahrscheinlichkeitsdeutung der Wellenfunktion durch Born 1926, die Formulierung der Unbestimmtheitsrelationen durch Heisenberg 1927 sowie die Aufstellung einer relativistischen Wellengleichung durch Paul Dirac im Jahr 1928. In die gleiche Zeit fallen die Arbeiten von Johann (bzw. John) von Neumann, der die mathematischen Grundlagen der zugrundeliegenden Hilbertraum-Theorie in die noch heute gültiger Form brachte.

All dies mündete in die Veröffentlichung von einflussreichen Lehrbüchern, wie Diracs „The Principles of Quantum Mechanics" (erste Auflage 1930) oder von Neumanns „Mathematische Grundlagen der Quantenmechanik" im Jahr 1932, die den vorläufigen Schlusspunkt der dynamischen Theorieentwicklung markieren. Daran schloss sich die rasche *Anwendung* der Theorie auf alte und neue Probleme, sowie die *Verallgemeinerung* im Rahmen der aufkommenden Quantenelektrodynamik an.

An den neuen Formalismus knüpfte sich zudem die Hoffnung, die drängende Frage nach der physikalisch-inhaltlichen Deutung der „Quantenphänomene" beantworten zu können. Es zeigte sich jedoch rasch, dass die neue Theorie zwar unmittelbar anerkannt und operational beherrscht wurde, die Frage nach der „Bedeutung" bzw. der „Interpretation" der abstrakten Begriffe aber kontrovers blieb. In der Rückschau muss dabei gerade das Jahr 1935 als ein erster Höhepunkt in der (immer noch andauernden) Debatte um die Deutung der Quantentheorie erscheinen, denn die Veröffentlichung von zwei legendären Arbeiten fällt in dieses Jahr.

Im Mai 1935 veröffentlichten Albert Einstein, Boris Podolsky und Nathan Rosen (kurz: EPR) einen Aufsatz mit dem Titel „Can Quantum-Mechanical Description

---

[4] Die folgende Darstellung ist äußerst summarisch. Einen vollständigen Überblick findet der interessierte Leser im Standardwerk von Jammer (1966). Auf diese Darstellung stützen sich (falls nichts anderes hervorgehoben wird) auch die folgenden Bemerkungen.
[5] Im Folgenden verwenden wir die Begriffe „Quantentheorie" und „Quantenmechanik" praktisch synonym. Manchmal wird die letztere Bezeichnung für die nicht-relativistische Formulierung reserviert. Die „Quantentheorie" ist dann ein Oberbegriff, der sowohl die frühen Entwicklungen als auch die spätere Quantenfeldtheorie umfasst.

of Physical Reality Be Considered Complete?". Ziel dieser Arbeit war der Versuch, die „Unvollständigkeit" der quantenmechanischen Zustandsbeschreibung nachzuweisen. Zu diesem Zweck wurde ein berühmt gewordenes „Realitätskriterium" formuliert (Einstein et al. 1935, S. 777):

> *If, without in any way disturbing a system, we can predict with certainty (i.e., with probability equal to unity) the value of a physical quantity, then there exists an element of reality corresponding to that quantity.* (Hervorhebung im Original)

EPR betrachten anschließend ein (verschränktes) System aus zwei Teilchen in räumlicher Distanz, an denen Messungen von Ort bzw. Impuls durchgeführt werden können. Dies führt auf die Zuordnung von unterschiedlichen Wellenfunktionen für den jeweils *nicht* manipulierten Systemteil. Da die räumliche Distanz die unmittelbare Beeinflussung jedoch auszuschließen scheint (d. h. die obige Bedingung „without in any way disturbing a system" berücksichtigt), scheint man je nach Messung Elemente der Realität nachzuweisen, die sich innerhalb der QM gegenseitig ausschließen (d. h. Ort und Impuls eines Zustands). Daraus leiten sie den Schluss ab, dass die quantenmechanische Beschreibung der Situation nicht vollständig sei.

Die Verwendung des Begriffs „Unvollständigkeit" ist natürlich elektrisierend und tatsächlich liegen Hinweise vor, dass Gödel einen indirekten Anteil an der Gestalt dieses Aufsatzes trägt. Die logisch verwickelte EPR-Argumentation stammt federführend von Boris Podolsky, der wahrscheinlich ein Jahr zuvor die Vorlesungen Gödels in Princeton gehört hatte (Jammer 1985).

Allerdings, und dies ist sicherlich eine kleine Enttäuschung, findet sich in Gödels Notizbüchern *keine* Bezugnahme auf das EPR-Argument. Die jüngsten Quellen, die Gödel dort verwendet, stammen aus dem Jahr 1934.[6]

Damit fehlt in Gödels Notizbüchern zur Quantenmechanik auch die Rezeption eines anderen Meilensteins der Interpretationsgeschichte, nämlich der Aufsatzserie „Die gegenwärtige Situation in der Quantenmechanik". Ab Ende November 1935 veröffentlichte Schrödinger diese Arbeiten, in denen er unter anderem den Begriff des „verschränkten Zustandes" prägte. Noch bekannter ist vermutlich das dort beschriebene „burleske" Experiment, bei dem eine Katze einem tötlichen Gift ausgesetzt wird, sobald ein radioaktives Isotop zerfällt. Dieses Gedankenexperiment um „Schrödingers Katze" illustriert damit die Schwierigkeiten, den Messprozess innerhalb der Quantenmechanik zu beschreiben; eine Schwierigkeit, die jedoch erst Jahrzehnte später als ein Hauptproblem der Theorie identifiziert wurde.

Diese Arbeiten stammen mit Einstein et al. und Schrödinger von prominenten Kritikern an einer damals einflussreichen Deutung der Quantenmechanik, die maßgeblich von Niels Bohr entwickelt wurde. In der Regel erwecken Lehrbücher der Quantentheorie den Eindruck, dass sich aus den Schriften von Bohr und seinen Mitarbeitern rasch die sog. „Kopenhagener Deutung" als die „Standardinterpretation" der

---

[6] Allerdings existiert mit dem undatierten Dokument *Literatur Physik* eine Literaturliste Gödels, auf der Bohrs Erwiderung zu EPR vermerkt ist (siehe Kap. 8). In Abschn. 1.3.3 werden wir darauf zurückkommen.

1.2 Physikalischer Kontext

Quantentheorie herausgebildet habe. Diese Darstellung ist historisch jedoch ungenau. Bereits vor über 30 Jahren hat John Heilbron (1988) auf die viel komplexere Rezeptionsgeschichte der sog. „Kopenhagener Deutung" hingewiesen.[7]

Aber auch wenn die „Kopenhagener Schule" nicht als eine Gruppe mit homogener Lehrmeinung aufzufassen ist, sondern eher als loses Netzwerk von Physikern[8] mit nur ähnlichen Lesarten der Interpretation, so stellen die Begriffe der Bohrschen Arbeiten doch eine Folie dar, vor der die Deutungsdebatte sinnvoll rekonstruiert werden kann. Dies gilt umso mehr, als Gödel in seinen Notizbüchern an zahlreichen Stellen auf Bohrs Schriften und Begriffe Bezug nimmt (siehe den folgenden Absatz). Es wird sich also als nützlich erweisen, einige Zentralbegriffe der Bohrschen Philosophie zu rekapitulieren. Wir beziehen uns dabei auf die Darstellung in der sog. Como-Vorlesung (Bohr 1928):[9]

- **Klassische Sprache**
  Ein immer wiederkehrendes Motiv der Bohrschen Arbeiten ist die These, dass die Beschreibung der atomphysikalischen Experimente mit den Mitteln der „klassischen Sprache" bzw. den Begriffen der klassischen Physik zu erfolgen habe. Raum und Zeit seien Beispiele für solche Begriffe, deren Anwendbarkeit jedoch Einschränkungen unterworfen sei (*ibid.*, S. 247).
- **Komplementarität**
  Die Quantentheorie zeichnet sich nämlich auch dadurch aus, dass zum Beispiel eine raum-zeitliche Beschreibung und die kausal-deterministische Beschreibung nicht *gemeinsam* angewendet werden können. Bohr bestand nun darauf, dass sich diese Beschreibungen zwar wechselseitig ausschließen, jedoch dennoch erst gemeinsam ein vollständiges Bild des Ablaufes ermöglichen. Für diese Relation prägte er den Begriff der „Komplementarität" (*ibid.*, S. 245).
- **Das Quantenpostulat**
  Das vermutlich wichtigste Merkmal der Quantenphysik drückt sich nach Bohr im kleinen aber endlichen Wert des Planckschen Wirkungsquantums aus. Er formulierte deshalb das sog. „Quantenpostulat", wonach jeder atomare Prozess „einen Zug von Diskontinuität erhalte" (*ibid.*, S. 245) und folgerte daraus unter anderem, dass der Einfluss einer Messung *prinzipiell* nicht zu vernachlässigen sei. Dies wiederum bedeute, dass „weder den Phänomenen noch dem Beobachtungsmittel eine selbstständige physikalische Realität im gewöhnlichen Sinne zugeschrieben werden kann" (*ibid.*, S. 245).

---

[7] Die These, dass die Kopenhagener Deutung überhaupt eine einheitliche Formulierung besitzt, wurde von Howard (2004) als „Mythos" bezeichnet. Der Begriff „Kopenhagener Deutung" wurde übrigens erst in den 1950er Jahren geprägt (*ibid.*). Schließlich sei noch Camilleri (2006) erwähnt, der auf zahlreiche relevante Unterschiede zwischen Heisenberg und Bohr in Interpretationsfragen hingewiesen hat, obwohl beide als Vertreter der „Kopenhagener Deutung" gelten.
[8] Dazu zählen neben Bohr sicherlich: Heisenberg, Pauli, Born, Jordan und von Neumann.
[9] Gödel kannte diesen Aufsatz und zitiert in Bemerkung 49 (QM I) aus einem Nachdruck von 1931.

Bohrs Arbeiten haben übrigens einen eigentümlichen Duktus und werden von vielen Kommentatoren (mit Recht!) als schwerverständlich beschrieben. Dieser Umstand hat sicherlich begünstigt, dass Bohrs Position mit einer großen Zahl von konkurrierenden Philosophien in Verbindung gebracht wurde. So finden sich zum Beispiel Autoren, die die Nähe der Komplementarität zum dialektischen Materialismus betonen, andere deuten seine Philosophie als positivistisch und wieder andere betonen seine Kantischen Anklänge.

Zu den genannten Begriffen gibt es folglich eine umfangreiche Sekundärliteratur, die konkurrierende Deutungsmöglichkeiten hervorgebracht hat. Im folgenden wird uns diese Mehrdeutigkeit noch beschäftigen.

1.3 Kurt Gödel zur Interpretation der Quantenmechanik

In diesem Abschnitt der Einleitung wollen wir einen ersten Blick auf die Notizbücher zur Quantenmechanik (einschließlich des Aflenzbandes) werfen. Unser Hauptaugenmerk liegt dabei auf der Frage, welche Position Gödel hinsichtlich der Interpretation der Quantenmechanik eingenommen hat. Plakativ formuliert geht es um die Frage, ob Kurt Gödel eher der „Kopenhagener Schule" zugerechnet werden muss, auf der Seite von Renegaten wie Einstein und Schrödinger stand oder vielleicht sogar eine ganz eigene Position formuliert hat.

Zu beachten ist, dass uns mit den Aufzeichnungen Gödels keine systematische Darstellung vorliegt. Dieser Text stellt keinen Entwurf für eine Vorlesung (geschweige denn für ein Lehrbuch) zur Quantenmechanik dar. Vielmehr handelt es sich um aphoristische Bemerkungen, längere technische (auch mathematische) Ausführen sowie Exzerpten aus der Literatur.

1.3.1 Gödels Quellenlage

Die von Gödel zitierte Literatur umfasst Lehrbücher (etwa von Eddington oder von Neumann) und Aufsätze – letztere in auffällig großer Zahl aus der Zeitschrift *Die Naturwissenschaften*.[10] Wie der Name bereits andeutet, handelt es sich hierbei um ein Organ, das es sich zur Aufgabe gemacht hatte, trotz fortschreitender Spezialisierung, Naturwissenschaftlern, Technikern und Ärzten einen Überblick über angrenzende Fachgebiete zu ermöglichen. Dem Gründungsherausgeber Arnold Berliner schwebte 1913 ein deutsches Pendant zur bereits 1869 gegründeten amerikanischen Zeitschrift *Nature* vor (Autrum 1988).

In dieser angesehenen Zeitschrift veröffentlichten führende Wissenschaftler, aber typische Arbeiten waren Antrittsvorlesungen, Beiträge zu Festschriften oder Über-

---

[10] Zahlreiche Aufsätze stammen dabei sogar aus dem selben Heft, nämlich der Nr. 26 des 17. Jahrgangs (Juni 1929). Zu dieser Festschrift aus Anlass des 50-jährigen Jubiläums von Plancks Promotion trugen praktisch alle Forscher mit Rang und Namen auf diesem Gebiet bei. Gödel zitiert die Beiträge von Bohr, Heisenberg, Jordan, Schrödinger, Compton und London.

1.3 Kurt Gödel zur Interpretation der Quantenmechanik

sichtsreferate. Ganz im Sinne des Auftrags dieser Zeitschrift konnte Gödel sich hier also einen qualitativ hochwertigen *Überblick* verschaffen, während spezialisiertere Forschungsergebnisse eher selten ihren Weg in *Die Naturwissenschaften* fanden. Diese wurden eher in den *Annalen der Physik*, der *Zeitschrift für Physik* bzw. der *Physikalischen Zeitschrift* veröffentlicht – bzw. für den nicht deutschsprachigen Raum in den *Physical Review*, den *Proceedings of the Royal Society* oder den *Comptes rendus*.

Interessanterweise ergibt sich aus dem undatierten Dokument *Literatur Physik* (siehe Kap. 8) eine ganz andere Quellenlage Gödels. Hier finden sich zahlreiche Einträge zu Forschungsarbeiten aus den zuletzt genannten Zeitschriften (siehe auch Abschn. 1.3.3). In welchem Umfang Gödel diese Arbeiten bereits 1935 kannte, ist schwer zu beurteilen.

1.3.2 Gödel zur Doktrin der „klassischen Sprache" und „Komplementarität"

Für Bohr und viele seine Mitstreiter war es ausgemacht, dass auch die Experimente der Quantenphysik mit den Mitteln der „klassischen Sprache" bzw. den Begriffen der „klassischen Physik" beschrieben werden müssen. Gödel bezieht sich auf diese Doktrin wiederkehrend. So lesen wir in Bemerkung 58 (QM I):

> 58. Unsere Sprache ist ein zur Beschreibung der *MicroPhysik* unvollkommen geeignetes Gedankenmittel (*Bohr*). Kann man aber nicht die Sprache der Quantenphysik in unserer Sprache beschreiben?

Hier begegnet uns allem Anschein nach der Logiker Gödel mit dem Hinweis, dass zwischen Objekt- und Metasprache sinnvoll zu unterscheiden sei. Diese interessante Idee wird im weiteren Verlauf der Aufzeichnungen jedoch nicht wieder aufgegriffen (vgl. jedoch auch die Einträge 59 (QM I) und 318 (QM II)).

Wie angedeutet, konnten bei Bohr Begriffe der klassischen Beschreibung in einem komplementären Verhältnis stehen, das ihre *gemeinsame* Anwendbarkeit verhindert. Auch zu dieser Frage finden sich zahlreiche Bemerkungen; etwa die Folgende im Aflenzband:

> 186. Individualisierung und raumzeitliche Beschreibung scheinen komplementär zu sein, und darin liegt vielleicht die Möglichkeit einer konsequenten Durchführung der Monadologie.

Gödels Auseinandersetzung mit Leibniz ist aus späteren Jahren gut dokumentiert. Diese frühe Bezugnahme auf die Monadologie ist bemerkenswert (und rätselhaft). Bohrs Konzept der Komplementarität wird häufig mit der Idee des „Dualismus" zwischen Wellen- und Teilcheneigenschaften verknüpft. Im Notizbuch QM I findet sich die Bemerkung:

226. Grund für Welle-Korpuskel-*Dualismus* = Raumzeit kann auf ein einzelnes Quantum nicht angewendet werden. Raumzeitverhältnisse sind statistische Verhältnisse, welche Quanten betreffen.
volte face??

Gödel konzidiert hier eine *volte face* (d. h. „Kehrtwende") der Beschreibungsweise. Allem Anschein nach stimmt er der Position zu, dass in der Quantenmechanik eine raumzeitliche Beschreibung nicht möglich sei. Es ließe sich darüber spekulieren, dass Gödel das EPR-Argument abgelehnt hätte, da es an zentraler Stelle auf raumzeitlich Verhältnisse rekurriert.

1.3.3 Gödel und EPR

Wie in Abschn. 1.2 erwähnt, findet sich in den Notizbüchern keine Erwähnung bzw. Diskussion der EPR-Arbeit (Einstein et al. 1935). Falls der Abschluss der Bücher QM I und II tatsächlich im Juni 1935 erfolgte (vgl. Fußnote 2), darf man annehmen, dass Gödel bei ihrer Abfassung diese am 15. Mai veröffentlichte Arbeit einfach noch nicht vorlag und er bei der Anfertigung des Aflenzbandes im folgenden Jahr lediglich eine Art „Reinschrift" der Notizbücher vornahm – ohne zusätzliche Quellen einzubeziehen.

Gleichzeitig steht praktisch außer Zweifel, dass Gödel im Verlauf des Jahres '35 von der EPR-Arbeit erfahren haben muss, denn während seines Aufenthalts in Princeton im Herbst dürfte Einsteins Kritik an der Quantentheorie Tagesgespräch gewesen sein.[11] Tatsächlich liegt ein kleiner aber konkreter Hinweis dazu vor. Im undatierten Dokument *Literatur Physik* (siehe Kap. 8) findet sich die Arbeit Bohr (1935) verzeichnet, d. h. die Erwiderung Bohrs auf EPR (Abb. 1.1 zeigt diesen Textausschnitt). Das Erscheinungsdatum dieses Aufsatzes ist der 15. Oktober und fällt somit in die Zeit von Gödels Aufenthalt in Princeton. In *Literatur Physik* bemerkt Gödel zu diesem Eintrag: „vergleiche insbesondere p. 700 links unten". Dies ist nun gerade die Textstelle, in der Bohr die Anwendbarkeit des EPR-Realitätskriteriums (siehe Abschn. 1.2) zurückweist:

> But even at this stage there is essentially the question of *an influence on the very conditions which define the possible types of predictions regarding the future behavior of the system.* Since these conditions constitute an inherent element of the description of any phenomenon to which the term „physical reality" can be properly attached, we see that the argumentation of the mentioned authors does not justify their conclusion that quantum-mechanical description is essentially incomplete. (Hervorhebung im Original)

Kurioserweise wird in *Literatur Physik* die Referenz Einstein et al. (1935) nicht aufgeführt. Es ist jedoch recht unwahrscheinlich, dass ein Leser von Bohrs Erwiderung auf EPR nicht auch diese Arbeit rezipiert hat. Zudem belegt die kurze Anmerkung

---

[11] Bekanntlich verband Gödel und Einstein in ihrer späteren gemeinsamen Zeit in Princeton eine enge Freundschaft. Zu diesem Zeitpunkt hatten sie aber noch keinen intensiveren Kontakt.

1.3 Kurt Gödel zur Interpretation der Quantenmechanik

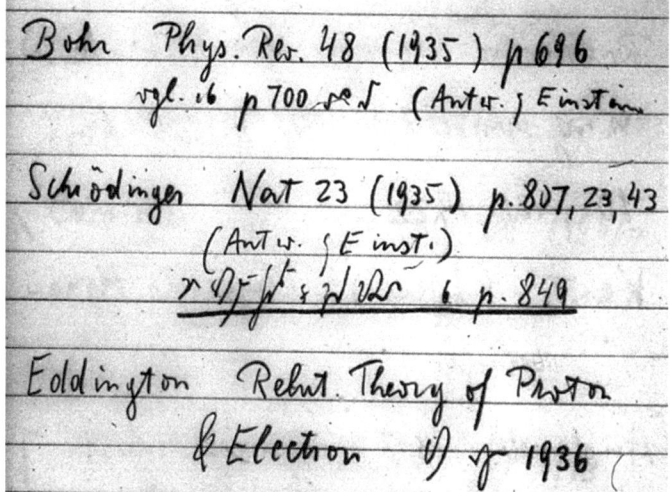

Abb. 1.1 Gödels Eintrag zu Bohr (1935) und Schrödinger (1935) im undatierten Dokument *Literatur Physik* (siehe Kap. 8). Bei der Angabe der Seitenzahl des dritten Teils der Aufsatzserie von Schrödinger ist Gödel übrigens ein Fehler unterlaufen. Hier muss es „44" heißen

zu Bohr (1935), dass diese Arbeit von Gödel tatsächlich gelesen wurde – der bloße Eintrag einer Arbeit in Gödels Liste *Literatur Physik* lässt diese Frage ja zunächst offen. Allerdings bleibt die Frage ungeklärt, ob der Hinweis auf die Textstelle „p. 700 links unten" lediglich den Kern des Arguments markiert, oder als Zustimmung zu werten ist.

Etwas Ähnliches gilt nun für den im November 1935 erschienenen „Katzenartikel" (Schrödinger 1935). Er wird in *Literatur Physik* aufgeführt (siehe Abb. 1.1) und Gödel bemerkt: „Hier auch viele Zitate über Quantenmechanik, besonders p. 849". Die besagte Seite ist die letzte der Aufsatzserie und enthält in der Tat eine Reihe von Referenzen zur Quantenmechanik (darunter Arbeiten von Dirac, Breit, Peierls, Jordan, Heisenberg und Fermi). Jede inhaltliche Bemerkung und Diskussion zu dieser einflussreichen Arbeit fehlt jedoch – man muss sagen, leider.

Dem aufmerksamen Leser wird zudem aufgefallen sein, dass der Textausschnitt in Abb. 1.1 ebenfalls den Hinweis auf eine Veröffentlichung von Eddington aus dem Jahr 1936 enthält. Es handelt sich um das Buch „Relativity Theory of Protons and Electrons". Sein Vorwort ist „Juni 1936" datiert – die Veröffentlichung dürfte also erst im Herbst oder Winter erfolgt sein. Die Niederschrift dieser Seite im Dokument *Literatur Physik* erfolgte also frühestens zu diesem Zeitpunkt und die Frage, ob Gödel EPR und Schrödingers „Katzenartikel" bereits vorher gelesen hat, kann auf Grundlage dieser Quelle nicht entschieden werden.

1.3.4 Gödel, Jordan und Positivismus

Grundsätzlich stellt sich bei der Quellengattung „Notizbuch" die Frage, an welcher Stelle Positionen aus der Literatur bloß referiert werden, oder ihnen auch ausdrücklich zugestimmt wird. In dieser Hinsicht ist Bemerkung 92 (QM I) von Bedeutung, denn dort äußert Gödel explizit:

> 92. *Nat. 16*, guter Artikel von *Jord.* über Charakter der Quantenphysik.

Er bezieht sich hier auf die Arbeit „Der Charakter der Quantenphysik" von Pascual Jordan (1928).[12] In ihm gibt Jordan ein deutliches Bekenntnis seiner positivistischen Haltung. Er argumentiert – mit Mach – dass die Aufgabe der Physik lediglich in der Naturbeschreibung (im Gegensatz zur „Erklärung") läge. Er behauptet weiter, dass gerade die Entwicklung der Quantentheorie eine bedeutende Stütze für die Mach'sche Auffassung sei und erinnert daran, dass schon in der Vergangenheit neue Theorien zu begrifflichen Umwälzungen geführt hätten. Als Beispiele hierfür erwähnt er den Feldbegriff der Elektrodynamik oder die Raumzeitvorstellungen der Relativitätstheorie. Die Quantenphysik habe schließlich ergeben, dass die Natur lediglich statistischen Gesetzmäßigkeiten folge und das Prinzip der Kausalität für Einzelereignisse keine Berechtigung habe.

Gödels Formulierung von einem „guten Artikel" impliziert sicherlich nicht notwendig, dass er der positivistischen Grundhaltung Jordans beipflichtet. Aber wir werden im Folgenden sehen, dass Jordan eine wichtige Referenz für Gödels Position in der Deutungsfrage darstellt. In QM II finden wir zudem folgendes (scheinbare) Bekenntnis zum Positivismus (vgl. auch Bemerkung 255 in QM II):

---

[12] Es handelt sich um Jordans Antrittsvorlesung an der Universität Hamburg, wo er von 1927–29 als Privatdozent wirkte. Pascual Jordan (1902–1980) gehört neben Heisenberg und Born zu den Mitbegründern der Matrizenmechanik. Er leistete zudem bedeutende Beiträge zur Quantenfeldtheorie und frühen Quantenelektrodynamik (Schweber 1994). Aus rein wissenschaftlichen Gründen erscheint es deshalb unverständlich, dass er nie mit dem Nobelpreis geehrt wurde. Jordans Biographie ist jedoch komplex und widersprüchlich: Während er 1933 in die NSDAP sowie SA eintrat und bereits zuvor völkische Schriften verfasste (bis '33 unter Pseudonym), gehörte er ebenfalls zu den Verteidigern der „Modernen Physik" gegen Anfeindungen der sog. „Deutschen Physik" – obwohl auch hier die Lauterkeit seiner Motive fraglich ist (Hoffmann und Walker 2007). In philosophischer Hinsicht vertrat er eine kontrovers debattierte Variante des Positivismus (bzw. logischen Empirismus) die eine Verbindung zu vitalistischen Vorstellungen herstellte (vgl. etwa Zilsel (1935) für die Kritik daran). Dieser Gegenstand steht in Zusammenhang mit seinem Interesse an der Verbindung zwischen Quantenphysik und Biologie.

Nicht zuletzt die oben erwähnten Anfeindungen der „Deutschen Physik" begünstigten nach dem Krieg Jordans „Entnazifizierung" (Hoffmann und Walker 2007, S. 109) und mit einem Ruf an die Universität Hamburg (1947) konnte er seine wissenschaftliche Karriere in Westdeutschland praktisch unbehindert fortsetzen. Die erschreckende Folgenlosigkeit seines Engagements im Nationalsozialismus drückt sich auch darin aus, dass er von 1957 bis 1961 Bundestagsabgeordneter für die CDU war und dort revanchistische Positionen vertrat (O'Connor und Robertson 2015).

1.3 Kurt Gödel zur Interpretation der Quantenmechanik

> 262. Die Relativitätstheorie hat von vielen Begriffen, die früher für absolut [...] galten, gezeigt, dass sie nur relativ sind. Die Quantentheorie zeigt scheinbar, dass es <u>überhaupt nichts Absolutes gibt</u>. (D.h., man kann kein „Ding" konstruieren, sondern muss <u>prinzipiell beim Solips.</u> stehen bleiben.) ⟨Der⟩ Grund, das anzunehmen, ist, dass die einzige konsequente Deutung der Quantentheorie *positivistisch* ist.

Dies steht in einem markanten Spannungsverhältnis zu Gödels platonistischer Auffassung in der Mathematik, der er nach Wang (1996, S. 6) seit 1925 anhing – obwohl sie erst ab den 1940er Jahren von Gödel öffentlich vertreten wurde (vgl. ebenfalls Wang (1996, S. 70) zu Gödels Differenzen mit dem „Wiener Kreis"). Tatsächlich finden sich bei Hao Wang weitere Hinweise zu Gödels Sicht auf das Verhältnis zwischen Positivismus und Physik. Wang (1996, S. 175) zitiert eine Bemerkung von Gödel aus dem Jahr 1972:

> It must be admitted that the positivistic position also has turned out to be fruitful on certain occasions. An example often mentioned is the special theory of relativity. [...]
>
> That, generally speaking, positivism is not fruitful even in physics seems to follow from the fact that, since it has been adopted in quantum physics (i.e., about 40 years ago) no substantial progress has been achieved in the basic laws of physics [...]. Perhaps, what ought to be done is to separate the subjective and objective elements in Schrodinger's wave function, which so far has by no means been proved impossible. But exactly this question is „meaningless" from the positivistic point of view.

In dieser (späten) Äußerung finden wir also sowohl die Anerkennung der Nützlichkeit einer positivistischen Strategie in der Relativitätstheorie, als auch ihre Zurückweisung für die Quantenmechanik.

Vor allem behauptet Gödel an dieser Stelle aber, dass die positivistische Lesart der Quantenmechanik ca. 40 Jahre zuvor „angenommen" worden sei – und die folgenden Bemerkungen insinuieren, dass es sich seitdem um die allgemein anerkannte Position handele. Diese erstaunliche Wahrnehmung kann mit Gödels Studium von Jordan in Verbindung gebracht werden. Don Howard schreibt (hier zwar auf das Buch „Anschauliche Quantentheorie" (Jordan 1936) bezogen, aber sicherlich auch auf Jordans andere Schriften auszudehnen):

> [...] Jordan and his Anschauliche Quantentheorie probably did more than any other person and text to establish the association between Bohr's interpretation of quantum mechanics and positivism. (Howard 2013, S. 279)

Hervorzuheben ist, dass Jordan eine spezifische Variante des Positivismus vertrat. Die bereits erwähnte Kritik an dieser Position durch Vertreter des Wiener Kreises (Zilsel 1935) veranlasste Jordan, danach von einem „physikalischen Positivismus" zu reden, der sich von einem „geisteswissenschaftlichen Begriff des Positivismus" (damit war die Position des Wiener Kreises gemeint) abgrenzte (Beigelböck 2007, S. 161).

Nicht nur knüpfte Jordan seine Variante des Positivismus an Bohrs Philosophie an; ebenfalls suchte er ihn mit einer Spielart des „Vitalismus" zu verbinden.[13] Jordan argumentierte auf der Grundlage des Komplementaritätsprinzips für die Nichtreduzierbarkeit der Lebensvorgänge auf die Gesetze der unbelebten Natur. In seinem Lehrbuch zur Quantenmechanik von 1936 (auf diesen Text bezieht sich das zuvor erwähnte Zitat von Howard) schreibt er etwa:

> In doppelter Weise drängt also die neue Physik auf eine „organische Auffassung" hin, als deren wissenschaftlichen Inhalt ich kurz die Überzeugung bezeichnen möchte, daß wir in den biologischen Erscheinungen Naturgesetzlichkeiten kennen zu lernen haben, die wesentlich Neues gegenüber den anorganischen Naturgesetzen enthalten [...]. (Jordan 1936, S. ix)

Vor allem diese Spekulationen scheinen Gödels Aufmerksamkeit erregt zu haben. Das Notizbuch QM II enthält in Ziffer 278 ein längeres Exzerpt der Arbeit „Die Quantenmechanik und die Grundprobleme der Biologie und Psychologie" (Jordan 1932). In ihr argumentiert Jordan für die Möglichkeit, aufgrund des Indeterminismus der Quantenmechanik Raum für etwa die Willensfreiheit zu schaffen. Dazu schlägt Jordan einen Bogen von der notwendigen Störung durch den Akt der physikalischen Messung, über die damit verbundene Aufhebung einer scharfen Grenze zwischen Subjekt und Objekt bis zur behaupteten Komplementarität zwischen „Definiertheit" (eines biologischen Systems) und seiner „Lebendigkeit". Ausdrücklich bezieht er sich dabei auf Anregungen Bohrs; vgl. etwa die Fußnote 2 in Jordan (1932, S. 819). Dass Bohr sich dabei durchaus von Jordan missverstanden fühlte, diskutiert Beyler (2007, S. 73).

1.3.5 Quantenmechanik und Willensfreiheit

Offensichtlich faszinierte Gödel die Vorstellung, dass die Quantentheorie eine Verbindung zum Problem der Willensfreiheit zu besitzen scheint. In QM I lesen wir:

> 102. Die Tatsache der Willensfreiheit lässt sich in das Schema des klassischen Physik nur dadurch einordnen, dass man ein System X annimmt, welches nicht den Gesetzen der klassischen Physik genügt [welches nicht einmal die Struktur der anderen Systeme hat, sodass Anwendung der klassischen Physik sinnlos wäre]. Diese Tatsache fällt deswegen nicht auf, weil die klassische Physik ohnehin die Erfahrungen, welche sich in Willensfreiheitssystemen (Organismen) abspielen, gar nicht umfasst.
> 103B. [...] X = eigener Körper

Einige Seiten später spekuliert er über die direkte Anwendbarkeit der Bohrschen Terminologie:

---

[13] Der „Vitalismus" postuliert eine spezielle „Lebenskraft", die einen „Wesensunterschied" zwischen organischen und anorganischen Systemen begründet. Im 19. Jhd. stand er in Gegnerschaft zum „Mechanizismus", d. h. einem metaphysischen Materialismus (Lohff 2005).

185. Vielleicht ist das Urbild der *Komplem.* das Verhältnis zwischen *Kaus.* und freiem Willen und zwischen Objekt und Subjekt.

Jordan (und Bohr) waren nicht die einzigen, die mit der Problematik der Willensfreiheit eine Verbindung der Quantenphysik zu außerphysikalischen Inhalten herstellten. In Bemerkung 294 (QM II) exzerpiert Gödel das Kapitel über Verursachung („Causation") aus Eddingtons „The Nature of the Physical World". Mit Bezug auf die klassische Physik bemerkt dieser Autor:

> In the old conflict between freewill and predestination it has seemed hitherto that physics comes down heavily on the side of predestination. (Eddington 1928, S. 293)

Nach einer knappen Diskussion einige Aspekte der Quantentheorie resümiert er jedoch:

> Meanwhile we may note that science thereby withdraws its moral opposition to freewill. (Eddington 1928, S. 295)

1.3.6 Gödel und das Messproblem

Nach heutigem Verständnis stellt das sog. Messproblem eines der Hauptschwierigkeiten bei der Interpretation der Quantenmechanik dar. Darunter versteht man grob, dass sich unter der unitären Zeitentwicklung der Schrödingergleichung ein typischer Überlagerungszustand des Systems gar nicht in einen Eigenzustand des Messapparates entwickelt. Stattdessen liegt bei Anwendung der Quantentheorie auf den Messvorgang nach einer Messung ebenfalls eine Überlagerung makroskopisch verschiedener „Zeigerstellungen" vor (vgl. Maudlin (1995)).

Im Kern ist es diese Schwierigkeit, auf die Schrödinger in seinem „Katzenartikel" (Schrödinger 1935) hingewiesen hat. Dort fungiert die Katze gleichsam als Messapparat für den Zerfall eines Atoms und scheint sich selber in einem Überlagerungszustand (von „tot" und „lebendig") zu befinden, wenn das Atom in einer Superposition von „zerfallen" und „nicht-zerfallen" ist. Der menschliche Beobachter registriert in solchen Fällen jedoch immer ein eindeutiges Ergebnis, woraus zu folgen scheint, dass die Quantentheorie dem Akt der „Beobachtung" eine besondere (und erklärungsbedürftige) Bedeutung zuweist.

Dieses Problem rückte in den 1930er Jahren erst allmählich in das Bewusstsein – der Begriff des „quantenmechanischen Messproblems" wurde erst in den späten 1950er Jahren geprägt bzw. in der Diskussion verwendet.

Innerhalb der klassischen Darstellung (von Neumann 1932) wird an dieser Stelle zunächst darauf hingewiesen, dass der Zustand bei Messung auf den Unterraum projiziert wird, der dem Messergebnis entspricht (*ibid.* Kapitel VI). Diese „Reduktion" (bzw. dieser „Kollaps") der Wellenfunktion ist für sich genommen jedoch noch keine Lösung des Messproblems, sondern eher ein Eingeständnis seiner Existenz. Offen bleibt hier ja die Frage, warum für diesen Vorgang die Schrödingergleichung keine Gültigkeit besitzt.

Bei John von Neumann findet sich an dieser Stelle noch der erklärende Hinweis, dass die Kette (bzw. Hierarchie) aus „System-Messgerät-Beobachter" an *beliebiger* Stelle unterbrochen werden könne, um die Bornsche Wahrscheinlichkeitsdeutung anzuwenden. Dies setze einen „psycho-physikalischen Parallelismus" (*ibid.* S. 223) voraus, d. h. die prinzipielle Möglichkeit, auch die subjektive Wahrnehmung physikalisch beschreiben zu können.[14] Von Neumann diskutiert Beispiele für diese Strategie – bis hin zu dem Fall, dass dem Beobachter sein „abstraktes ‚Ich'" entspricht, da „Retina, Nervenbahnen und Gehirn" dem Messapparat zugerechnet werden (*ibid.* S. 224). Gödel kommentiert genau diese Stelle mit der Bemerkung (QM I nach 246 (Rückwärtsrichtung)):

> Die Teilung der Welt in materielle Körper und abstrakte „Ich" scheint mir abwegig. (Wie sollte das abstrakte Ich Störungen im physikalischen System bewirken?) Scheinbar sollte auch das zweite System immer ein materielles sein.

Gödel zählt mit dieser Bemerkung zu den frühen Kritikern der von Neumannschen Messtheorie. Noch an einer anderen Stelle kommentiert Gödel den Messprozess (QM II):

> 256. (gestrichen) Da in jeder Fassung der Quantentheorie der „Beobachter" vorkommt, muss dieser auch etwas Elementareres bedeuten können als die höchste komplizierte Maschine „Mensch". Daher ersetzbar wahrscheinlich durch ein Elementarteilchen und Formulierung der Quantengesetze bezüglich eines Elementarteilchens.

Hier spekuliert Gödel bereits über eine Umdeutung des „Beobachters" zu einem elementaren Objekt, d. h. darüber, ihm seine Sonderrolle zu nehmen (vgl. dazu auch 258 und 259 in QM II). In der allgemeinen Diskussion wurde erst viel später die Forderung nach einer „Quantenmechanik ohne Beobachter" laut (Shimony 1963; Popper 1967). Hier antizipiert Gödel also in hellsichtiger Weise einen bedeutenden Teil der immer noch anhaltenden Debatte.[15]

---

[14] Der auf Fechner zurückgehende „psycho-physikalische Parallelismus" war bereits im 19. Jahrhundert eine einflussreiche Position in der Leib-Seele Debatte. Heidelberger (2003, S. 237) beschreibt ihn als Vorläufer der Supervenienz-Relation zwischen Körper und Geist, die auch in der aktuellen Diskussion verwendet wird, um einen nicht-reduktionistischen Physikalismus zu begründen. Im 20. Jahrhundert erlebte der psycho-physikalische Parallelismus durch Herbert Feigl und den Wiener Kreis eine Wiederbelebung – und auf diese Autoren dürfte sich von Neumann bezogen haben. Olival Freire Jr. weist darauf hin, dass von Neumann (im Gegensatz zur Darstellung einiger Kommentatoren) hier gerade *keine* direkte Beeinflussung durch den „Geist" annimmt (Freire Jr. 2015, S. 144) und gleichzeitig auch keine reduktionistische Position vertritt (Von Neumann beschreibt die Beobachtung explizit als „in Wahrheit außerphysikalischen Vorgang" (*ibid.* S. 223)).

[15] Interessanterweise wurde zudem von verschiedenen Autoren darauf hingewiesen, dass das quantenmechanische Messproblem und Gödels Unvollständigkeitssatz eine strukturelle Ähnlichkeit besitzen. So weist Thomas Breuer (1997) darauf hin, dass in beiden Fällen die Selbstreferenziali-

1.3.7 Zusammenfassung

Die Notizbücher zur Quantenmechanik dokumentieren Gödels intensive Beschäftigung mit diesem Gegenstand. Sein Interesse war dabei offenkundig das Studium der nichtrelativistischen Theorie.[16] Weder Anwendung noch Verallgemeinerung des Formalismus waren Gegenstand seiner Untersuchungen, sondern vielmehr die mathematische und gedankliche Durchdringung ihrer Grundlagen.

Dabei spielen Fragen der Interpretation eine bedeutende Rolle. Unter den zitierten Arbeiten befinden sich neben Lehrbüchern und wenigen Artikeln aus spezialisierten Fachzeitschriften vor allem Überblicksbeiträge aus den *Naturwissenschaften*. Gödel rezipiert Arbeiten von u. a. Bohr, Heisenberg, Dirac und von Neumann. Ein besonders häufig und an zentraler Stelle zitierter Autor ist jedoch Pascual Jordan. Dieser Mitbegründer der Theorie befand sich im Dunstkreis sowohl der Kopenhagener Schule, als auch des Wiener Kreises. Auf idiosynkratische Weise versuchen seine Arbeiten, diese philosophischen Strömungen zu verbinden. Als unkonventioneller Denker scheute Jordan ebenfalls nicht davor zurück, über abseitige Gegenstände wie Telepathie und Gedankenübertragung zu spekulieren (Jordan 1934, S. 490). Es scheint nicht vollkommen abwegig, dass Gödel hier eine Geistesverwandtschaft sah – nicht zuletzt besaß Jordan ebenfalls eine herausragende mathematische Expertise.

In Gödels Aufzeichnungen finden sich keine Hinweise darauf, dass er die Beiträge rezipiert hat, die sich kritisch mit der „Kopenhagener Schule" der Interpretation auseinandergesetzt haben (dokumentiert etwas in den *Proceedings* der 5. Solvay Konferenz 1927). Typische Termini der Bohrschen Schriften („klassische Sprache", „Komplementarität") werden von Gödel fast schon beiläufig und wie selbstverständlich verwendet. Zusammen mit seinem expliziten Lob für Jordans Darstellung (siehe Bemerkung 92 in QM I) kann Gödel also sicherlich als Sympathisant der Kopenhagener Schule gesehen werden, obwohl einzelne Bemerkungen auch kritische Distanz verraten. Kurios erscheint ebenfalls, dass die positivistische Färbung von Jordans Position in einem markanten Spannungsverhältnis zu Gödels eigener Gedankenwelt stand.

1.4 Anmerkungen zur Edition

1.4.1 Das Quellenmaterial

Gödels Nachlass wurde von seiner Witwe Adele nur wenige Monate nach seinem Tod im Jahr 1978 an das Institute for Advanced Study (IAS) in Princeton, New Jersey,

---

tät eine zentrale Rolle spielt und dass von Neumanns Hierarchie quantenmechanischer Beobachter stark an das Verhältnis zwischen Objekt-Theorie, Metatheorie, Meta-Metatheorie etc. errinnert. Dies begründet nicht bloß ein historisches, sondern auch systematisches Interesse an Gödels Bemerkungen zum Messproblem.

[16] In Bemerkung 48 (QM I) schreibt er: „Es gibt eine rel. Quantenmechanik, aber sie ist mathematisch zu kompliziert?".

übergeben. Nach der vollständigen Katalogisierung, die zwischen Juni 1982 und Juli 1984 von John Dawson Jr. durchgeführt wurde, wurde der gesamte Nachlass in die Fireston Library in Princeton verlagert, wo seit April 1985 der Zugang für wissenschaftliche Projekte möglich ist. Im Jahr 1998 wurde der Nachlass schließlich auf 55 Rollen mikroverfilmt.[17]

Einige Jahre später veröffentlichten John und Cheryl Dawson ihren Artikel „Future Tasks for Gödel Scholars" (Dawson und Dawson 2005). In diesem Artikel benennen sie „some of the unpublished items in the Nachlass that are likely to attract the notice of scholars" und konzentrieren sich hier vor allem auf drei Notizbuchserien:

- *Arbeitshefte*, eine Serie von 16 Büchern, in denen Gödel seine vorrangig mathematischen und logischen Ideen fixierte und entwickelte.
- *Resultate Grundlagen*, vier Notizbücher, in denen Gödel eigene mathematische und logische Resultate in ausgearbeiteter Form darlegt. Diese Bücher sind inzwischen im Rahmen des finnischen GODELIANA-Projektes von Maria Hämeen-Anttila und Jan von Plato vollständig transkribiert und werden derzeit zur Veröffentlichung vorbereitet.
- *MaxPhil*, eine Reihe von 16 philosophisch orientierten Büchern, die derzeit nach und nach an der Kurt-Gödel-Forschungsstelle der Berlin-Brandenburgischen Akademie der Wissenschaften von Eva-Maria Engelen transkribiert und kommentiert werden.[18]

Ergänzend nennen John und Cheryl Dawson Gödels „Protokoll"-Buch, in dem er in den Jahren 1937/1938 in der Hauptsache Notizen zu Gesprächen mit namhaften Personen, die dem Wiener Kreis mehr oder weniger nahe standen, festhält. Die vollständige Transkription dieses Buches ist inzwischen in Lethen (2021a) erschienen.

Eigenartigerweise scheint über Gödels Notizbüchern zur Quantenmechanik (Abb. 1.2) ein Mantel des Schweigens zu liegen, obwohl sie bereits in Dawson (1984) in aller Klarheit benannt sind. Aber auch in seinem „What Have We Learned From the Gödel Nachlass, and What More May It Have to Offer?" (Dawson 2016) erwähnt Dawson die Quantenmechanik-Bücher weder unter den bisher dem Nachlass entnommenen Erkenntnissen, noch unter den Schriften, die bisher unergründet geblieben sind und insofern einen Anreiz für zukünftige Gödel-Projekte darstellen könnten und müssten. Offenbar erscheinen hier selbst Gödels Bücher zu seinen theologischen Studien von größerem Belang.[19] Vielleicht sollte man dementsprechend – wie im

---

[17] Der Gesamtkatalog ist in Dawson (1984) zu finden und schließlich in Feferman et al. (2003) abgedruckt.
[18] Derzeit sind die ersten drei Bücher in Engelen (2019, 2020) sowie das zehnte in Crocco et al. (2017) veröffentlicht.
[19] Auch diese Bücher wurden in der Zwischenzeit in Rahmen des von Jan von Plato geleiteten GODELIANA-Projektes vollständig transkribiert und werden derzeit – zusammen mit Gödels Bibelstudien – zur Veröffentlichung vorbereitet.

1.4 Anmerkungen zur Edition

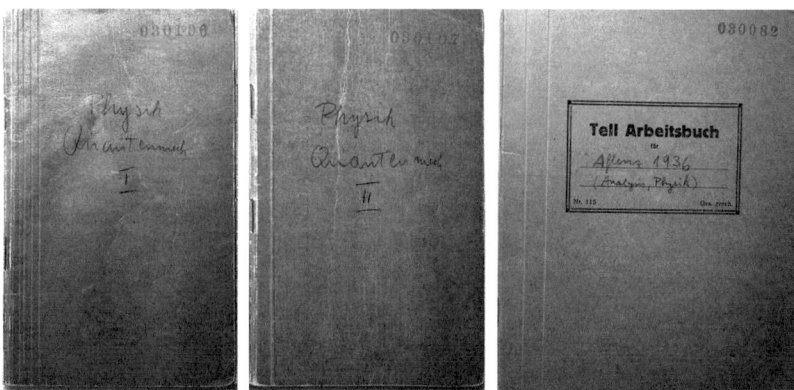

Abb. 1.2 Titelseiten der Notizbücher *Quantenmechanik I*, *Quantenmechanik II* (entstanden im Jahr 1935) und *Aflenz 1936*. Wir danken Jan von Plato für die Zurverfügungstellung der Photographien

Vorwort bereits angedeutet – eben doch von einer ‚Entdeckung' im wahrsten Sinne des Wortes sprechen.

Nach allem, was wir derzeit wissen, konzentrieren sich Gödels quantenmechanische Notizen auf sechs Notizbücher, die allesamt in den Jahren 1935/1936 entstanden sein dürften, einer Zeit, in der sich Gödel offenbar intensiv mit der Quantenmechanik auseinandergesetzt hat. Am 29. Juni 1935 notiert Rudolf Carnap in seinem Tagebuch (*Carnap,* in Vorb.):[20]

> $\frac{1}{2}$4 kommt Gödel. Er sagt, er sei nicht unzufrieden mit Princeton, im Gegenteil. Er hat nur wegen Krankheit die Einladung verschoben, fährt September hin, zunächst für $\frac{1}{2}$ Jahr. Neumann oder Weyl (er wusste nicht wer) haben schon mal beiläufig von der Idee gesprochen, mich einzuladen. Er selbst hat hauptsächlich Quantenmechanik gearbeitet, wie Neumann; und wird das auch weiter tun.

Im Folgenden werden diese sechs Bücher im Detail beschrieben und ihre Lage im Nachlass (*Box, Folder, item accession*) sowie auf den Mikrofilmen (*reel, frame*) spezifiziert.

1. ***Quantenmechanik I***

Die Bücher *Quantenmechanik I* und *Quantenmechanik II* enthalten zusammengenommen eine einzige durchnummerierte Liste mit etwa 340 Einträgen, d. h. Bemerkungen, Fragen, Gedanken zur Quantenmechanik. Das erste dieser Bücher (Box 6b, Folder 78, item accession 030106, reel 21, frames 967–1022) trägt auf dem Einband den Titel „Physik, Quantenmech. I", umfasst 104 karierte Seiten der Größe $11cm \times 17{,}5cm$ und ist in Dawson (1984) wie folgt beschrieben: „Mathematical computation with notes in Gabelsberger shorthand and headings

---

[20] Wir danken Christian Damböck für die freundliche Erlaubnis, aus den Transkriptionen der Tagebücher zu zitieren.

in German and English, written in both directions." Dabei spielt der Ausdruck „geschrieben in beiden Richtungen" auf eine Eigenart Gödels an, Notizbücher oftmals sowohl von vorne als auch von hinten zu beginnen, bis die Notizen sich schließlich im Innern der Buches treffen. Dieser erste Band enthält in seiner Vorwärtsrichtung die Einträge 1 bis 249 der Liste. Die Vorwärtsrichtung endet auf Frame 1019 mit dem Eintrag 246 und der Bemerkung „Forts. No. 126!!", welche darauf hinweist, dass sich die Einträge 247, 248 und 249 zwischen den Einträgen 126 und 127 befinden: Offenbar hatte Gödel hier zunächst eine Doppelseite überschlagen, die er dann nachträglich für die letzten Einträge des Buches nutzen konnte. Die Rückwärtsrichtung besteht lediglich aus den Frames 1021 und 1022 und beinhaltet die Überschriften „Smoluch. Vortrag", „v. Neumann Fehler" und „Haas kosm. Probl.".

Gödels Nummerierung umfasst in diesem Band folgende Besonderheiten: Doppelt verwendet sind die Nummern 4, 5, 25, 107, 127, 205, 231 und 234. Es fehlen die Nummern 85 und 171–179. Zusätzlich verwendet sind die Nummern 49a, 63a, 67a, 83a, 103B, 112a, 126a und 137a.

2. *Quantenmechanik II*

Das Buch mit dem Titel „Physik, Quantenmech. II" (Box 6b, Folder 78, item accession 030107[21], reel 21, frames 1024–1071) umfasst 90 karierte Seiten der Größe $11cm \times 17,5cm$. Dawson (1984) beschreibt es wie folgt: „'Physik Quantenmech. II' [1935]: Mathematical computation with notes in Gabelsberger shorthand". Dass dieses Buch tatsächlich im Jahr 1935 entstand, notiert Gödel – offenbar nachträglich – auf dem Kopf der ersten Seite: „No. 319 wurde geschrieben am 27./VI 1935." Es folgen die Einträge 250 bis 340, von denen der letzte ganze 14 Seiten umfasst und die Überschrift „Bedeutung des freien Willens und Möglichkeit seiner widerspruchsfreien Vereinigung mit Det." trägt. Auf den letzten beiden Seiten (Frames 1070/1071) folgen einige private Notizen. In diesem Band sind in der Liste die Nummers 255, 259, 291 und 328 doppelt verwendet, es fehlen die Nummern 264, 282, 283,[22] 300, 319 und 326. Ergänzend verwendet sind die Nummern 268', 283a und 298a.

Auffällig erscheinen in diesem zweiten Band Einträge zwischen den Nummern 320 und 321, die fast wie eine Art Inhaltsverzeichnis für ein ins Auge gefasstes Werk wirken. Tatsächlich vermerkt Gödel am Ende seines *Aflenz*-Buches (siehe nächster Punkt): „!Arbeitsprogramm! zwischen 320 und 321"

3. *Aflenz 1936*

Das Buch mit Gödels Titel „Aflenz 1936 (Analysis, Physik)" (Box 6a, Folder 59, item accession 030082, reel 20, frames 315–345) wird in Dawson (1984) in keiner Weise mit der Quantenmechanik in Zusammenhang gebracht und ist dort lediglich wie folgt beschrieben: „'Aflenz 1936 Analysis, Physik': Mathematical computation with notes in Gabelsberger shorthand (taken while in Aflenz,

---

[21] In Dawson (1984) ist fälschlicherweise die Nummer 010307 angegeben.
[22] Die Einträge 282 und 282 existieren offenbar, es fehlt lediglich das Notieren der zugehörigen Nummern. Etwas rätselhaft erscheint, dass das *Aflenz*-Buch (siehe weiter unten) Bezug auf diese beiden Einträge nimmt, und dass eine Nummer 283a existiert.

1.4 Anmerkungen zur Edition

Austria?), written in both directions, plus 4 loose pages". Tatsächlich enthält das Buch in der Hauptsache wiederum eine Liste mit quantenmechanischen Bemerkungen, die sich bei näherer Betrachtung klar als Überarbeitung der Liste in den Büchern *Quantenmechanik I* und *Quantenmechanik II* entpuppt: Während ein Teil der Einträge nahezu wörtlich übernommen ist, sind andere ganz ausgelassen[23], wiederum andere grundlegend überarbeitet, komprimiert oder auch erweitert. Der Eintrag 318 bezeugt schließich, dass diese Überarbeitung tatsächlich während Gödels Aflenz Aufenthalt im August 1936 entstand: „$\frac{1}{2}4^h$ nachmittags, 19./VIII 1936". In ihrer Gesamtheit erlauben die bisher beschriebenen Bücher demnach einen sehr konkreten Blick auf eine Fortentwicklung in Gödels Gedanken und Ansichten zwischen den Jahren 1935 und 1936.

Die Liste erstreckt sich über 38 Seiten (Frames 316 bis 335) in der Vorwärtsrichtung des Buches und ist zunächst bis zum Punkt 72 fortlaufend numeriert. Im unmittelbaren Anschluss, beginnend mit Nummer 161, übernimmt Gödel die den ursprünglichen beiden Büchern entstammenden Nummern, wodurch eine Zuordnung deutlich erleichtert wird. Die Liste endet mit Eintrag 320.

Die Rückwärtsrichtung des Buches beginnt auf den Mikrofilmen mit Frame 337. Hier enthalten die Frames 343 bis 345 schließlich den Text mit dem Titel „Die Struktur der Quantenmechanik". Die karierten Seiten des Notizbuchs haben eine Größe von 16cm×20cm.

4. *Physik 1935*
Dawson (1984) beschreibt dieses Buch (Box 6b, Folder 77, item accession 030105, reel 21, frames 888–964) als „'Physik 1935': Includes section titled 'Astronomische Zahlen,' mathematical computations with headings in German, written both directions, plus one page intercalated". Für die Quantenmechanik ist insbesondere die Rückwärtsrichtung, beginnend bei Frame 953, von Interesse. Die eigentlich erste Seite (Frame 954) ist überschrieben mit „Phantasieren über das Ding-an-sich" und der zugehörige Text erstreckt sich über zwölf Seiten bis zu Frame 960. Zusätzlich befinden sich – offenbar nachträglich ergänzt – im rückseitigen Buchdeckel und auf der folgenden Schutzseite (Frames 953/954) Notizen zu Partikel- und Welleninterpretationen. Darüber hinaus übertragen wir die Einträge, die Gödel im vorderen Buchdeckel gemacht hat. Die wiederum karierten Seiten haben eine Größe von 16cm×20cm.

5. *Literatur Physik*
Dieses Notizbuch (Box 6c, Folder 80, item accession 030110, reel 22, frames 207–263) ist in Dawson (1984) als „'Lit. Physik': Notebook on literature in Physics and accompanying loose bibliographic notes, in both German and Gabelsberger shorthand" beschrieben. Wir transkribieren hier mit den Frames 207 bis 233 den Teil des Buches, der für Gödels quantenmechanische Studien in den Jahren 1935/1936 relevant ist; es folgen im Wesentlichen eingelegte Zettelsammlungen (item accessions 030111, 030112, 030113), auf denen entweder Literatur notiert ist, die Gödel zu einem späteren Zeitpunkt in Reinschrift in die eigentliche

---

[23] So findet sich etwa der Eintrag „112–127 alte Quantenmechanik, daher uninteressant".

Literaturliste aufgenommen hat, oder auf denen Literatur vermerkt ist, die etwa ab 1940 festgehalten wurde und sich hauptsächlich auf Relativitätstheorie und Kosmologie bezieht. Die hier transkribierte Liste umfasst insgesamt etwa 540 Bücher und Zeitschriftenartikel. Wir können davon ausgehen, dass Gödel alle diese Werke zumindest diagonal bzw. kursorisch gelesen bzw. studiert hat.

6. *Hobart Physik 1935*

Der tatsächliche Titel dieses Buches (Box 6b, Folder 76, item accession 030104, reel 21, frames 811–887), notiert auf der dem Buchdeckel folgenden Schutzseite, ist „*Physik* (Quantenmechanik), nur das, 1935". Über diesem Titel notiert Gödel: „*Hobart*, amerikanischer Autor, Überlegenheit der Chinesen über Europäer",[24] was Dawson (1984) offenbar dazu verleitet hat, das Buch als *Hobart Physik 1935* zu betiteln und es wie folgt zu beschreiben: „'Hobart Physik 1935': Mathematical computation with headings in German, written both directions". Da das Buch fast ausschließlich mathematische Berechnungen enthält, die sich offenbar unmittelbar auf Diracs „The Principles of Quantum Mechanics" (erste Auflage 1930) beziehen, verzichten wir in diesem Rahmen auf eine Transkription.

Gödel selbst scheint seinen eigenen Notizen übrigens auf eine gewisse Weise sehr kritisch gegenüberzustehen: Nur kurze Zeit später, im Jahr 1937, listet er in seinem *Protokoll*-Buch 13 Eigenarten auf, die ihm „peinlich" wären, wenn jemand sie erführe, da sie mit einem Verlust der „Hochachtung" einhergingen. Als abschließenden Punkt nennt Gödel hier den „Unsinn in meinen Physikheften". Zur Relativierung muss hier aber wohl angemerkt werden, dass die Liste auch die Punkte „geringes Wissen" und „mangelnder Verstand und Kombinationsgabe" enthält. Und nur wenige Zeilen später ergänzt er, möglicherweise wieder auf die Physikhefte bezugnehmend:

Warum genierst du dich für die Arbeitshefte?

1. Weil Titel schlecht sind,
2. weil für gewisse Dinge kein eigenes Heft vernünftig ist,
3. weil der Inhalt schlecht ist, weil der Inhalt zu privat ist.

Es waren nicht zuletzt diese Bemerkungen Gödels, die schließlich den Anstoß dazu gegeben haben, diese bis heute verborgene Seite Gödels durch die vollständige Transkription der quantenmechanischen Notizen ans Licht zu bringen. Über Sinn und „Unsinn" in den Heften möge sich jeder Leser, jede Leserin, letztendlich ein eigenes Bild machen. „Hochachtung" gebührt aber zweifelsohne dem, der in der Lage ist, seine Gedanken derart kreativ und frei schweifen zu lassen.

---

[24] Es handelt sich um die amerikanische Schriftstellerin Alice Tisdale Hobart (1882–1967).

1.4.2 Anmerkungen zur Transkription

Das wohl erste Bruchstück einer Transkription des *Aflenz*-Buches erschien in von Plato (2018) im Zusammenhang mit Gödels Interesse an den logischen Antinomien. Die erste vollständige Transkription der beiden *Quantenmechanik*-Bücher und des *Aflenz*-Buches wurde schließlich im Rahmen des von Jan von Plato in Helsinki geleiteten GODELIANA-Projektes vorgenommen und im Sommer 2019 auf der Konferenz „Gödel's Legacy – Does Future lie in the Past?" von den Herausgebern in Wien erstmalig vorgestellt. Erste kleinere Veröffentlichungen (Lethen 2020, 2021b) zu Gödels Blick auf Vitalismus und Monadologie entstanden im unmittelbaren Anschluss.

Gödels private und wissenschaftliche Notizen sind durchweg in der ab 1817 von Franz Gabelsberger konzipierten und schließlich im Lehrbuch *Anleitung zur deutschen Redezeichenkunst oder Stenographie* (Gabelsberger 1834) veröffentlichten stenographischen Kurzschrift verfasst, deren Lesen und Schreiben Gödel in seiner Schulzeit zwischen 1919 und 1921 erlernte. Die Erforschung seines Nachlasses steht somit stets vor einer unausweichlichen Hürde, die etwa in Dawson (1995) und Lethen (2021a, Kap. 2) ausführlich dargelegt ist, und auf die wir deshalb hier nicht erneut im Detail eingehen möchten. Es sei lediglich erwähnt, dass die hier behandelten Notizen in durchweg sehr klarer Handschrift und in wohlstrukturierter, übersichtlicher Form vorliegen. Abb. 1.3 zeigt eine typische Seite aus den Notizbüchern.

Um den Lesefluss so wenig wie möglich zu stören, haben wir uns bemüht, die eigentliche Transkription so puristisch wie möglich zu halten. Die folgenden Anmerkungen erläutern die grundlegende Vorgehensweise.

(1) Gödels (runde), [eckige] und {geschweifte} Klammern sind übernommen. Gelegentlich vergessene oder falsch gesetzte schließende Klammern werden stillschweigend ergänzt bzw. korrigiert. Unsere eigenen Zusätze werden in ⟨spitzen⟩ Klammern angegeben. Sie ergänzen in den meisten Fällen einzelne Wörter, die Gödel im Rahmen einer Satzkürzung auslässt.
(2) <u>Einfach</u> und <u>doppelt</u> unterstrichene Passagen werden als solche wiedergegeben. Dasselbe gilt für ~~durchgestrichene~~ Passagen, sofern diese noch lesbar waren.
(3) Für uns nicht lesbare Wörter werden durch das Symbol ⟨?⟩ markiert. Gibt es hier eine Vermutung, so ist diese als ⟨? Vermutung⟩ dargestellt. Alle anderen Fragezeichen entstammen dem Originaltext.
(4) Von Gödel nachträglich eingefügter, ergänzender Text ist in ⌊Harpunen⌋ dargestellt. In aller Regel handelt es sich hierbei um Einfügungen oberhalb der eigentlichen Zeile.
(5) Interpunktion wird im System Gabelsberger in der Regel nicht notiert. Sie ist in der Transkription sinngemäß ergänzt. Absätze sind – dem Inhalt folgend – ergänzt.
(6) Wörter oder längere Passagen, die Gödel in Langschrift festhält, werden *kursiv* dargestellt. Eine Ausnahme bildet hier die Transkription der Literaturliste, in der – in entgegengesetzter Weise – die stenographischen Teile *kursiv* gehalten sind. In Langschrift abgekürzte Wörter werden nicht expandiert.

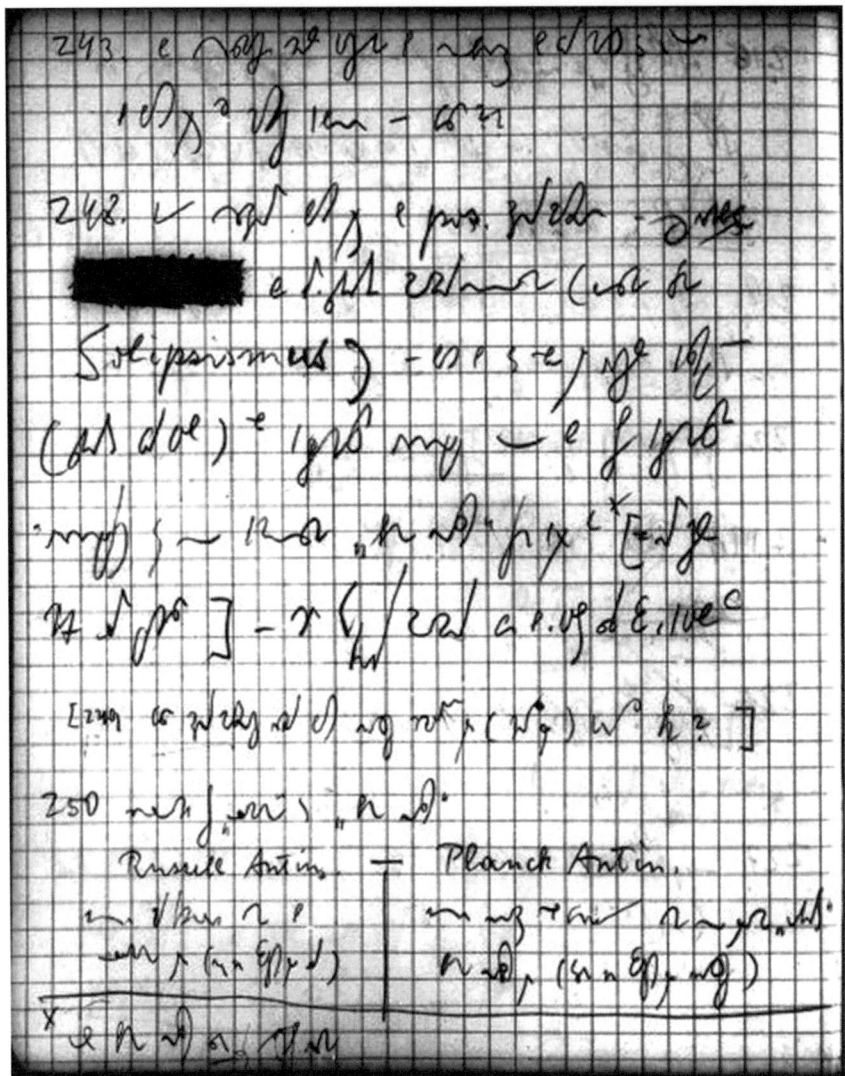

Abb. 1.3 Eine typische Seite aus Gödels *Aflenz*-Buch: Einträge 243, 248, 249 und 250

(7) Gödels eigenen Fußnoten ist das Symbol ▷ vorangestellt. Gödel selbst verwendet als Fußnotensymbole in der Regel kleine Kreise° oder Kreuze×, die wir hier nicht reproduzieren. Die nicht gekennzeichneten Fußnoten sind Anmerkungen der Herausgeber und ergänzen in der Regel bibliographische Informationen zu den von Gödel verwendeten Quellen. Alle Fußnoten wurden (pro Kapitel) fortlaufend nummeriert.

(8) Seitenwechsel machen wir entweder durch das Symbol $\langle page \rangle$ oder die Angabe der entsprechenden ⟨**reel-frame**⟩-Kombination kenntlich.

Das Gabelsberger System erlaubt es, Wörter auf ihren Stamm zu beschränken, wenn die grammatikalische Wendung eindeutig rekonstruierbar ist. In wenigen Fällen lassen Gödels Notizen verschiedene Rekonstruktionen zu; so mag etwa offen bleiben, ob ein Wort im Singular oder Plural steht. Da in diesen wenigen Fällen aber keine wesentlichen inhaltlichen Auswirkungen zu befürchten waren, haben wir uns – wiederum stillschweigend – für eine der möglichen Lesarten entschieden.

In unserer Transkription nicht wiedergegeben sind zahlreiche Markierungen Gödels, die in Form auffälliger Balken am Seitenrand einzelne Einträge besonders hervorheben.

Schließlich haben wir einen Namensindex angefertigt, der die Personen umfasst, die Gödel in seinen Notizbüchern erwähnt.[25] Unser Vorgehen ist dabei relativ frei. So führen zum Beispiel auch Gödels Erwähnungen der „Russellschen Antinomie" oder der „Maxwell-Theorie" zu Einträgen der entsprechenden Personen.

Literatur

Autrum, H. (1988). Arnold Berliner und die „Naturwissenschaften". *Naturwissenschaften, 75,* 1–4.
Beyler, R. H. (2007) Exporting the Quantum Revolution: Pascual Jordan's Biophysical Initiatives. In: D. Hoffmann, J. Ehlers, & J. Renn (Hrsg.), *Pascual Jordan (1902–1980). Mainzer Symposium zum 100. Geburtstag.* Max-Planck-Institut für Wissenschaftsgeschichte (S. 69–82). https://pure.mpg.de/rest/items/item_2274249_1/component/file_2274247/content.
Beiglböck, W. D. (2007). Ernst Pascual Jordan als Autor wissenschaftlicher und allgemeinbildender Schriften. In: D. Hoffmann, J. Ehlers, & J. Renn (Hrsg.), *Pascual Jordan (1902–1980). Mainzer Symposium zum 100. Geburtstag.* Berlin: Max-Planck-Institut für Wissenschaftsgeschichte (S. 145–173). https://pure.mpg.de/rest/items/item_2274249_1/component/file_2274247/content.
Bohr, N. (1928). Das Quantenpostulat und die neuere Entwicklung der Atomistik. *Die Naturwissenschaften, 16*(15), 245–257.
Bohr, N. (1935). Can Quantum-Mechanical Description of Physical Reality be Considered Complete? *Physical Review, 48,* 696–702.
Breuer, T. (1997). *Quantenmechanik: Ein Fall für Gödel?* Spektrum Akademischer Verlag.
Camilleri, K. (2006). Heisenberg and the wave-particle duality. *Studies in History and Philosophy of Science Part B: Studies in History and Philosophy of Modern Physics, 37*(2), 298–315.
Carnap, R. (in Vorb.) *Tagebücher 1920–1935.* Herausgegeben von Christian Damböck, unter Mitarbeit von Brigitta Arden, Roman Jordan, Brigitte Parakenings und Lois M. Rendl. Meiner.
Crocco, G., Van Atten, M., Cantu, P., & Engelen, E.-M. (2017). *Kurt Gödel Maxims and philosophical remarks volume X.* https://hal.archives-ouvertes.fr/hal-01459188.
Dawson, C. A. (1995) Gödel's Gabelsberger shorthand. In: Feferman et al.(1995), S. 7–12.
Dawson, J. W., Jr. (1984). *Finding Aid Kurt Gödel Papers.* Manuscripts Division: Department of Rare Books and Special Collections, Princeton University Library.
Dawson, J. W., Jr. (1997). *Logical dilemmas – The life and work of Kurt Gödel.* A. K. Peters.
Dawson, J. W., Jr., & Dawson, C. A. (2005) Future tasks for Gödel scholars. Bulletin of Symbolic Logic, 150–171. Nachdruck. In: Feferman, S., Parsons, C. und Simpson, S. G. (Hrsg.), (2010). *Kurt Gödel: Essays for his Centennial* (S. 21–44). Cambridge University Press.

---

[25] Ausgespart haben wir also die Namensnennungen in der Einleitung, aber ebenfalls die Autoren der Liste *Literatur Physik* (Kap. 8).

Dawson, J. W., Jr. (2016). What Have We Learned From the Gödel Nachlass, and What More May It Have to Offer? In G. Crocco & E.-M. Engelen (Hrsg.), *Kurt Gödel Philosopher Scientist* (S. 15–32). Presses Universitaires de Provence.

Eddington, A. (1928). *The Nature of the Physical World*. The Macmillan Company.

Einstein, A., Podolsky, B., & Rosen, N. (1935). Can Quantum-Mechanical Description of Physical Reality Be Considered Complete? *Physical Review, 47*, 777–780.

Engelen, E.-M. (2019). *Kurt Gödel – Philosophische Notizbücher, Bd. 1: Philosophie I Maximen 0*. De Gruyter.

Engelen, E.-M. (2020). *Kurt Gödel – Philosophische Notizbücher, Bd. 2: Zeiteinteilung (Maximen) I und II*. De Gruyter.

Feferman, S., John W. Dawson, Jr., Warren Goldfarb, Charles Parsons und Robert M. Solovay (Hrsg.) (1995) *Kurt Gödel Collected Works – Bd. III. Unpublished Essays and Lectures*. Oxford University Press.

Feferman, S., Dawson, John W., & Jr., Warren Goldfarb und Charles Parsons, (Hrsg.). (2003). *Kurt Gödel Collected Works – Bd. V.* Clarendon.

Freire, O., Jr. (2015). *The Quantum Dissidents*. Springer.

Gabelsberger, F. X. (1834). *Anleitung zur deutschen Redezeichenkunst oder Stenographie*. Eigener Verlag.

Heidelberger, M. (2003). The Mind-body problem in the origin of logical empiricism: Herbert Feigl and psychophysical parallelism. In P. Parrini, M. H. Salmon, & W. C. Salmon (Hrsg.), *Logical Empiricism: Historical and Contemporary Perspectives* (S. 233–262). University of Pittsburgh Press.

Heilbron, J. L. (1988). The Earliest Missionaries of the Copenhagen Spirit. In E. Ullmann-Margalit (Hrsg.), *Science in Reflection – The Israel Colloquium: Studies in History, Philosophy, and Sociology of Science* (Bd. 3, S. 201–233). Kluwer.

Hoffmann, D. und M. Walker (2007) Der gute Nazi: Pascual Jordan und das Dritte Reich. In: Dieter Hoffmann, Jürgen Ehlers, Jürgen Renn (Hrsg.) *Pascual Jordan (1902–1980). Mainzer Symposium zum 100. Geburtstag*. Max-Planck-Institut für Wissenschaftsgeschichte (S. 83–112). https://pure.mpg.de/rest/items/item_2274249_1/component/file_2274247/content.

Howard, D. (2004). Who invented the „Copenhagen interpretation"? A study in mythology. *Philosophy of Science, 71*, 669–682.

Howard, D. (2013). Quantum Mechanics in Context: Pascual Jordan's 1936 Anschauliche Quantentheorie. In: Massimiliano Badino, Jaume Navarro (Hrsg.) *Research and Pedagogy: A History of Quantum Physics through Its Textbooks*. Max Planck Research Library for the History and Development of Knowledge Studies 2, Edition Open Access (S. 267–285). https://www.mprl-series.mpg.de/media/studies/2/Studies2.pdf.

Jammer, M. (1966). *The conceptual development of quantum mechanics*. McGraw-Hill.

Jammer, M. (1985). The EPR Problem in Its Historical Context. In P. Lahti & P. Mittelstaedt (Hrsg.), *Symposium on the Foundations of Modern Physics* (S. 129–150). World Publishing Company.

Jordan, P. (1928). Der Charakter der Quantenphysik. *Die Naturwissenschaften, 16*(41), 765–772.

Jordan, P. (1932). Die Quantenmechanik und die Grundprobleme der Biologie und Psychologie. *Die Naturwissenschaften, 20*, 815–821.

Jordan, P. (1934). Über den positivistischen Begriff der Wirklichkeit. *Die Naturwissenschaften, 22*, 485–490.

Jordan, P. (1936). *Anschauliche Quantentheorie*. Springer.

Kalckar, J. (1985). *Niels Bohr Collected Works. Bd. 6 Foundations of Quantum Physics I (1926–1932)*. North-Holland.

Lethen, T. (2020). Kurt Gödel's Anticipation of the Turing Machine: A Vitalistic Approach. *History and Philosophy of Logic, 41*(3), 252–264.

Lethen, T. (2021a). *Gespräche, Vorträge, Séancen: Kurt Gödels Wiener Protokolle 1937/1938: Transkriptionen und Kommentare* (Veröffentlichungen des Instituts Wiener Kreis, Bd. 31). Springer.

Lethen, T. (2021b). Monads, Types, and Branching Time – Kurt Gödel's approach towards a theory of the soul. In Oliver Passon & Christoph Benzmüller (Hrsg.), *Wider den Reduktionismus*. Springer.

Lohff, B. (2005). Vitalismus. In Werner E. Gerabek, Bernhard D. Haage, Gundolf Keil, & Wolfgang Wegner (Hrsg.), *Enzyklopädie Medizingeschichte* (S. 1449–1451). De Gruyter.

Maudlin, T. (1995). Three measurement problems. *Topoi, 14,* 7–15.

O'Connor, J. J., & Robertson, E. F. (2015). Pascual Jordan. In: *MacTutor History of Mathematics,* University of St Andrews, Scotland. https://mathshistory.st-andrews.ac.uk/Biographies/Jordan_Pascual/.

Popper K. R. (1967). Quantum Mechanics without "The Observer". In: Mario Bunge (Hrsg.), *Quantum Theory and Reality. Studies in the Foundations Methodology and Philosophy of Science* Bd. 2. Springer.

Shimony, A. (1963). Role of the Observer in Quantum Theory. *American Journal of Physics, 31,* 755–773.

Schrödinger, E. (1935) Die gegenwärtige Situation in der Quantenmechanik. *Naturwissenschaften* **23**: 807–812 (Teil 1), 823–828 (Teil 2) sowie 844–849 (Teil 3).

Schweber, S. (1994). *QED and the Men Who Made It: Dyson, Feynman, Schwinger, and Tomonaga.* Princeton University Press.

von Neumann, J. (1932). *Mathematische Grundlagen der Quantenmechanik.* Springer.

von Plato, J. (2018). Logic Lectures: Gödel's Basic Logic Course at Notre Dame [Book review]. *History and Philosophy of Logic, 39*(4), 396–403.

Wang, H. (1996). *A logical journey.* MIT Press.

Zilsel, E. (1935). P. Jordan's Versuch, den Vitalismus quantenmechanisch zu retten. *Erkenntnis, 5,* 56–64.

Quantenmechanik I

1.) Seien A, B zwei ⌊*Hermitesche*⌋ *Operatoren*. C heißt ein Produktoperator, wenn $C \varepsilon$ *Herm.* und wenn für jeden *stat. Operator* U die drei zugehörigen Verteilungsfunktionen ⌊α, β, γ⌋ der Größen a, b, c von der Art sind, dass γ eine mögliche Verteilung von ab ist, wenn α, β Verteilungen von a, b sind.
!*Analog* mit anderen zweistelligen *Funktionen*!
Fragen:
1.) Gibt es immer ein C zu A, B?
2.) Wenn ja, gibt es mehrere und wie sehen sie aus?
2.) Die Operatoren für Koordinaten und Impuls könnten in dem Sinn als vollständiges System von *Operatoren* aufgefasst werden, dass jeder *Herm.* Operator darstellbar wäre als eine gewisse ⟨*page*⟩ den *Herm.* Charakter nicht zerstörende Funktion dieser Operatoren. (Analog *Df.* eines beliebigen vollständigen Systems.)
Vielleicht irreduzibles System (Basis).
3.) In der gewöhnlichen *analyt.* Mechanik ist die Dimensionszahl eine ⌊*kanon.*⌋ Invariante. In der Quantenmechanik scheinbar nicht. Denn man kann für sämtliche hermiteschen Operatoren wahrscheinlich unabhängige Basen mit m und n Elementen $m \neq n$ finden. Für jedes System besteht die messbare Größe aus allen *Hermite*'schen Operatoren des *Hilbert*-Raums. Es könnten höchstens die ⌊invarianten⌋ Eigenschaften des Energieoperators (Eigenwert samt Vielfachheit).
4.) Können alle Funktionen (stetige Funktionen) von n Variablen dargestellt werden durch einstellige Funktionen und $x + y$?
5.) Kann man alle *Hermiteschen* Operatoren

Ist nicht jeder Operator + diese Funktion eines beliebigen nicht-entarteten Energieoperator-Mittelpunkts Zentrum? ⟨*page*⟩

erhalten [ausgehend von Koordinaten und Impuls] durch Bildung einstelliger Funktionen und $a + b$?

4.) Was kommt heraus, wenn man das System Atom + Strahlungsfeld in *Sommerfeld*scher Weise quantisiert? *Rubinow.*[1]

5.) Die Unmöglichkeit, den Teilchen Bahnen zuzuordnen, besteht vielleicht darin, dass das Teilchen sich nicht im physikalischen Raum [sondern in einem anderen] bewegt und erst bei Beobachtung jedes Mal in den Raum gerissen wird. (D. h. der Raum ist eine Störungserscheinung.)

6.) Geschichte der Entdeckung der verschiedenen Elemente! Zettel Katalog! Und Weg, wie man die Zerfallsreihe festgestellt hat!

7.) Wurde der Name *Uran* deswegen gegeben, weil es sich in besonders alten Mineralien findet? (Ebenso *Thorium*)

9.) Fälle, in denen die Beobachtung [bzw. das Wissen vom Resultat einer Beobachtung] den Ablauf der Ereignisse stört: ⟨*page*⟩
   1. *Photoplatte* anschaulich
   2. Beobachtung des Bildes
   3. Selbstbeobachtung
   4. ~~Wissen um die eigenen Motive~~
   5. ~~Veröffentlichung einer Voraussage der Börsenkurse~~

10.) Wie kann die *Geiger–Nuttall*sche Beziehung zugleich für mittlere Reichweite und mittlere Zerfallskonstante und für einzelne Reichweite und einzelne Zerfallskonstante gelten?

11. *Virialsatz*? Verallgemeinerung auf ⟨? Bahn⟩-Koordinaten

12.) Wie steht es mit Drehimpuls und magnetischem Moment in den verschiedenen quantenmechanischen Eigenzuständen? (*Hb.* 24)[2]

13.) Wesen der Funkenentladung *(Blitz)? Hb.*?[3]

14.) Tritt das „Zerrühren" statistischer Gesamtheiten bei jedem *erg.* System und beliebigen Anfangsbedingungen ein?[4] Beweis für die zweite Eigenschaft ergodischer Systeme. ⟨*page*⟩ Nämlich dass die Zeit, während welcher ein System sich auf gewissen Gebieten der Energiefläche aufhält, sich verhält wie die Volumina dieser Gebiete.

---

[1] Rubinowicz, A. (1933) Ursprung und Entwicklung der älteren Quantentheorie. In: Geiger und Scheel (Hrsg.) *Handbuch der Physik – Bd. 24/1 Quantentheorie.* Berlin: Springer S. 1–82. In Bemerkung 117 (QM I) wird derselbe Autor mit dem Zusatz „Hb" zitiert, was als „Handbuch" gelesen werden kann. Dem Beitrag von Adalbert (Wojciech) Rubinowicz folgt übrigens Paulis bekannte Arbeit „Die allgemeinen Prinzipien der Wellenmechanik".

[2] Siehe Fußnote 1.

[3] Siehe Fußnote 1.

[4] ▷Was geschieht bei Umkehrung der Zeitrichtung?

15.) Wie verhält sich das Zerrühren statistischer Gesamtheiten zum Zusammenfließen der Wellenpakete?
16.) Wenn Unklarheit, die man nicht klar formulieren kann, besteht, dann:
    A.) Was ist der Zweck der Untersuchung?
    A' Was sind die Begriffe? (*Df.* unmöglicher Beziehungen)
    B.) Was sind die Resultate?
    B' Was sind die Fragen?
17.) Im Gravitationsfeld erfährt ein Lichtquant eine Kraftwirkung (
    a.) Ortsverschiebung
    b.) Ablenkung)
    Erfährt nicht auch im elektrischen Feld ein Lichtquant eine Kraftwirkung? Die Brechung und Reflexion des Lichts ist kaum anders zu erklären. Dies müsste sich aus der *Kaluza*-Theorie ergeben. Vorüberlegung: Wie erklären sich die Brechung und Beugung der Elektronen an Materie aus den elektrischen Kraftwirkungen? ⟨*page*⟩
18.) Möglichkeit zu einer allgemeinen Methode zur Lösung jedes ⌊mathematischen⌋ Problems: Es sei ein Verfahren gegeben, welches jedem Satz ⌊*A*⌋ eine transfinite Folge immer weniger allgemeiner Sätze zuordnet, welche sämtlich *A* implizieren und die alle entscheidbar sind. [Einer neuen Idee würde ein neuer Schritt in der Reihe der Ordinalzahlen entsprechen.]
    Zunächst: Ein Verfahren, um immer mehr Begriffe zu bilden, welche sämtliche entscheidbaren Systeme bilden [d. h. monoton wachsende Folge von entscheidbaren Begriffssystemen]. Ein notwendiges (vielleicht hinreichendes) Kriterium ist, dass die Probleme der Zahlentheorie niemals formulierbar sein dürfen. Dann suche man die „bestmögliche *Approx.*" der gegebenen Sätze innerhalb dieser Begriffssysteme, d. h. schwächster Satz, der *A* impliziert, und schwächster Satz, der $\overline{A}$ impliziert. [D. h. Negation des stärksten Satzes, der von *A* impliziert wird.] *Heur.* Gesichtspunkt für die Konstruktion der Begriffssysteme ist der, dass man immer größtmögliche ⟨*page*⟩ widerspruchsfreie Gesamtheiten bildet.
    Frage: Was bedeutet das Ganze, wenn man das Problem als eine Frage des engeren Funktionenkalküls auffasst? Sowohl die *Approx.* als auch die Folge entscheidbarer Systeme.
19.) A.) Beweis der Gleichheit der *Gibbs*'schen und *Boltzmannschen Entropie* (auch der mit nur einer Zelle) im Falle innerer Kraft und
    B.) allgemeiner Beweis der Gleichheit der ein- und mehrzelligen *Boltzm.* Entropie.
20.) In der klassischen statistischen Mechanik kann man Entropie = *a priori*-Wahrscheinlichkeit nicht definieren als Anzahl der Realisierungsmöglichkei-

ten, sondern nur als Volumen im Phasenraum. (Anzahl der Realisierungsmöglichkeiten ist z. B. unabhängig von der Größe der Moleküle des Gasmodells.)[5]

21.) Es gibt zwei Arten der *Reversibilität*.
 1.) Ein Prozess ist reversibel, wenn er in allen Einzelheiten in der entgegengesetzten Richtung ablaufen kann. [Schwierigkeit durch Umkehrung des Vorzeichens der Impulse.] ⟨page⟩
 2.) [Hier ist wesentlich, dass das System nicht als abgeschlossen behandelt wird, sondern Eingriffe vonseiten des Beobachters, welche aber als energetisch beliebig klein angenommen werden (Aussteuerung der Prozesse) und darin bestehen, dass vorübergehende Kopplungen mit anderen Systemen hergestellt werden, erlaubt sind.]
 Überführbarkeit zwischen zwei Zuständen $A \to B$ bedeutet: Es ist möglich, B aus A herzustellen [nach Ablauf einer gewissen Zeit T]. Und nach Ablauf dieser (oder einer großen Zeit) befinden sich alle Systeme in dem Zustand, in dem sie sich ohne Herstellung der Kopplung um diese Zeit befunden haben würden. Zwei Zustände heißen reversibel verknüpft, wenn $A \to B$ und $B \to A$. Wenn nur $A \to B$, heißen sie irreversibel verknüpft. Frage: Sind je zwei energiegleiche Zustände irreversibel verknüpft? ⟨page⟩ Dadurch ⟨sind⟩ Energie und Entropie energiegleicher Zustände topologisch definiert. (Kann dies auf nicht-energiegleiche Zustände ausgedehnt werden? Jawohl.)
 Ist jeder mögliche Eingriff in ein System durch einen Messungseingriff [Operator] beschreibbar? Z. B.: Durch welche Operatoren ist ein Stoß mit Elektronen oder Lichtquanten beschreibbar?

22.) Zwei Arten von Eingriffen: mechanisch, thermisch [zwei Arten von Kopplungen, die auch beliebig viel Energie übertragen dürfen, mechanische und thermische Kopplungen].
 $S \underset{M}{\to} T$, $T \underset{M}{\to} S$, dann T und S gleiche *Entrop.* (dann und nur dann). Wenn nur $S \underset{M}{\to} T$ und nicht umgekehrt, $Entr(T) > Entr(S)$.
 Frage: Wahrscheinlich ist für je zwei Zustände entweder $S \underset{M}{\to} T \lor T \underset{M}{\to} S$?

23.) Begründung der Funktion $dq_i dp_k$ als Maßfunktion im Phasenraum:
 1.) Wenn gedeutet als Häufigkeit der in der Welt vorkommenden ~~dann zeitunabhängig~~ und zeitunabhängig, dann jedenfalls stationär.
 2.) Daraus für *ergod.* Systeme $\rho = \rho(E)$ ⟨page⟩
 3.) Forderung der Unabhängigkeit von der Koordinatentransformation. Dabei kommt es darauf an: „Wie weit sind die Koordinaten physikalisch gleichwertig?" Sind es vielleicht alle Koordinaten wie in der *Einst.* Theorie? Das hängt zusammen mit der Frage, ob Spaltung in Impuls und Koordinaten nur von der Art unseres Wirkungszusammenhangs mit der Welt abhängt. Raumzeitschema nicht anders als Schema des Wirkungszusam-

---

[5] ▷In ⟨der⟩ Quantenmechanik: Undurchdringlichkeit = *Pauli*-Verbot. Daher lässt sich ⟨die⟩ Anzahl der Realisierungsmöglichkeiten aufrechterhalten. Wie ist es mit anderen Kräften?

menhangs der Dinge mit der Welt [Raum] sowie der Dinge mit dem Subjekt [Zeit].
24.) Auflösung des Umkehreinwands: Das Gesetz, welches die Zusammenstöße der Moleküle beherrscht, ist nur *statisch* (*Exner,* Schrödinger)?[6] Wahrscheinlich falsch.
25.) Die Begriffe der reellen Zahl und des Integrals, welche zweifellos aus der Physik stammen, erweisen sich auch fruchtbar für die Zahlentheorie. Das könnte die beiden Ursachen haben:
   a.) Andere Begriffe wären für die Zahlentheorie ebenso gut, aber wegen Physik ist der Verstand (schon von Geburt) ⟨auf⟩ diese Begriffe eintrainiert [Schätzen von Größen, *etc.*] ⟨*page*⟩ und für diese Begriffe wurde [aus physikalischen Gründen] in erster Linie eine ausgedehnte Theorie entwickelt.
   b.) Es könnte sein, dass eine *präst. Harm.* zwischen Mathematik und Physik besteht, sodass die physikalische Theorie und die darin auftretenden Begriffe irgendwie logisch ausgezeichnet sind [etwa als „natürliche" Reihenfolge der Begriffe]. In diesem Fall wäre das Grundproblem der Mathematik [= natürliche Reihenfolge der Begriffe ⌊und Sätze⌋, um allmählich jedes Problem zu lösen] von der Seite der Physik her angreifbar. Diejenige Reihenfolge der Begriffe ist natürlich, wo nach möglichst wenigen Schritten ~~schon die größte Zahl~~ eine möglichst große Zahl von Problemen lösbar wird.
25.) Das Prinzip der kleinsten Wirkung symbolisiert die eigentümliche *reciproke* symmetrische Beziehung zwischen der Raumzeitbeschreibung und den Gesetzen der Erhaltung von Energie und Impuls? *Bohr, Nat. 17, 484*[7]
26.) Heisenberg: Vergleich der Unbestimmtheitsrelation mit dem Prinzip, dass keine Signale mit Überlichtgeschwindigkeit möglich sind. (v. Neumann, p.)[8]
27.) Die bewusste Analyse eines Begriffs steht in einem Gegensatz zu seiner unmittelbaren Anwendung? *Bohr*? ⟨*page*⟩
28.) Um das wesentlich Neue in der Naturbeschreibung der Quantenmechanik herauszufinden, müsste man sich überlegen, wie die Erscheinungen aussehen würden, wenn das Wirkungsquantum h groß wäre im Verhältnis zur erreichbaren Messgenauigkeit.

---

[6] Diese Bemerkung spielt vermutlich an auf die Arbeit: Schrödinger, E. (1929) Was ist ein Naturgesetz? *Naturwissenschaften* 17: 9–11. Diese bereits 1922 gehaltene Antrittsvorlesung diskutiert den Hinweis Franz Exners (1849–1926), demzufolge die statistische Physik nicht notwendig deterministische Kausalgesetze für den Mikrokosmos voraussetzt (und diese sogar unplausibel wären). 1929 veröffentlicht Schrödinger diese Arbeit, da in der Zwischenzeit mit der Wahrscheinlichkeitsdeutung der Wellenfunktion ein ganz ähnlicher Gesichtspunkt aufgeworfen wurde – ohne jedoch, wie Schrödinger betont, auf seinen zwischenzeitlich verstorbenen Lehrer Exner hinzuweisen. Bekanntlich (und vor dem Hintergrund der erwähnten Arbeit kann man sagen kurioserweise) war Schrödinger jedoch kein Anhänger der Wahrscheinlichkeitsdeutung der Quantenmechanik.
[7] Bohr, N. (1929) Wirkungsquantum und Naturbeschreibung. *Die Naturwissenschaften* 17(26): 483–486.
[8] Bezieht sich vermutlich auf: von Neumann, J. (1932) *Mathematische Grundlagen der Quantenmechanik.* Berlin: Springer. S. 171 enthält eine entsprechende Bemerkung.

29.) Der Versuch einer raumzeitlichen Einordnung der Individuen bringt einen Bruch der Ursachenkette mit sich. *Bohr, Nat. 16, 485*[9]

30.) Anschaulichkeit eines Begriffs, eines Satzes, einer Theorie heißt, dass dieser (Begriff, Satz, Theorie) sich [in einfacher Weise] übersetzen lässt in Begriff, Satz, Theorie derjenigen Theorie der Welt, welche sich vor einer bewussten Analyse der Erscheinungen in den unteren Gehirnzentren gebildet haben und in den unbewussten Wahrnehmungsschlüssen zum Ausdruck kommen.

31.) Koordinatenmessung entspricht bei der Sinneswahrnehmung der raumzeitlichen Wahrnehmung [ohne Kraftwirkung], z. B. „ansehen", „schwache Berührung", vielleicht auch „Lokalisation eines Schalls". Der Impulsmessung entspricht Kraftübertragung durch Muskelempfindungen.

32.) ~~Recip~~ In der *Thermodyn.* versteht man unter Einwirkung des Beobachters immer nur eine „Streuung", d. h. mit verschwindender Energieimpuls-Übertragung ⟨page⟩ einhergehende Einwirkung. Wenn man als Beobachter das Gehirn ansieht, dürfte das ganz allein so sein, dass die ⟨?⟩ starke Kraftentfaltung der Muskeln offenbar nur auf einer Steuerung von Seiten des Gehirns beruht.

33.) Ist die *Reciprozität* von Raumzeit ·· Kausalität [Koordinaten, Impuls] irgendwie dasselbe wie Verschiebbarkeit von *Objekt – Subjekt*? Das würde heißen, bei Raumzeit-Beschreibung ist die Grenze zwischen *Obj. – Subj.* an einer anderen Stelle als bei Impuls-Beschreibung??

34. Schon aus der *psych.* Erfahrung kann man behaupten, dass der Begriff Raumzeit nur durch Vernachlässigung der Wechselwirkung mit den Messmitteln einen Sinn bekommt.

35. Zusammenhang zwischen freiem Willen und Kausalität = Komplementaritätsverhältnis. Vielleicht ⟨ist⟩ dies das Urbild der *Komplem.*

36. unanschaulich = (unraumzeitlich) Charakter der Quantenmechanik nach Schrödinger. Es ist keine Beschreibung möglich, in welchem ⟨sic⟩ jedem Raumzeitpunkt ein bestimmter Zustand zugeordnet ist, sondern es sind raumzeitliche Lücken vorhanden [in der Umgebung des Bohr'schen Atoms]. Frage: Wieso lässt sich diese Lücke auch nicht ausfüllen, wenn man auf die Maxwell'sche Theorie ⟨page⟩ verzichtet?? *Nat. 17, 487*[10]

37. Sinnvolle Deutung der gebrochenen und imaginären *Diff.* Quotienten.

38. Vielleicht bestehen die fruchtbaren Begriffe in ⟨der⟩ Mathematik einfach darin, dass man jede Operation (die zuerst nur für gewisse mathematische *Entitäten* definiert ist) möglichst auf alle *Ent.* auszudehnen sucht. (Wenigstens muss dies ein wichtiges Element der mathematischen Begriffsbildung sein.)

---

[9] Hier handelt es sich um einen Schreibfehler und Gödel bezieht sich auf die in Fußnote 7 erwähnte Arbeit des 17. Jahrgangs, die auf S. 485 die erwähnte Bemerkung enthält.

[10] Schrödinger, E. (1929) Die Erfassung der Quantengesetze durch kontinuierliche Funktionen. *Die Naturwissenschaften* **17**(26): 486–489.

39. *Nat. 16*, Schrödinger, *486*,[11] wesentlicher Gedanke: Unterschied zwischen Wellenfunktion (im Raum) und klassischer Feldfunktion. Für das Resultat einer an einem bestimmten Punkt ausgeführten Messung ist nicht der Wert der Wellenfunktion an diesem Punkt maßgebend, sondern der ganze Herlauf.
40. <u>Schröd.</u>: Ob Kausalität gilt oder nicht, wird in Vergleich gesetzt damit, ob *Eukl.* Geometrie gilt oder nicht *(Conventionalism.)*. Vielleicht Entscheidungsanlass: Wenn sie gelten sollte, müssten bestimmte einzelne Körper in die Naturgesetze eingehen. ⟨*page*⟩
Wechselwirkung im Atom entspricht nicht dem *Adiab.* Prinzip?
<u>Heisenberg, Nat.17, 490</u>[12] [*Adiab.* Prinzip soll Anwendung der klassischen Mechanik abgrenzen.]
<u>*p.491*</u>: Den *Landé*'schen Formeln des „*anomal. Zeem.*" kann man angeblich ansehen, dass man aufgrund keines neuen „klassischen" Modells eine Erklärung liefern kann.
<u>*p.492*</u>: Das Wellenfeld als Wahrscheinlichkeit der Lichtbahn aufzufassen, ist eine oberflächliche Ansicht, die leicht *ad abs.* geführt werden kann. Eine Zeit von *Einst.* vertreten, dann abgelehnt.
<u>*p.495*</u>: Austauschphänomen besteht darin, dass die Elektronen periodisch ihre Plätze wechseln? Darauf *Ferromagn.* zurückgeführt (<u>*p.496*</u>).
Debye-Scherrer-Meth. (Kristallpulver): Geht das auch für die *amorphen* Körper? ⟨*page*⟩
Whenever the ligt ⟨*sic*⟩ *does something it does it as particles. Nat. 17, 515 (Compton)*[13]
41. Wie verhalten sich Lichtquanten und Neutronen im inhomogenen Feld?
42. *Nat. 17, p.517 (London)*[14] Die Quantenmechanik verleiht den Atomen einen Grad von Individualität, wie er mit den Mitteln der klassischen Mechanik gar nicht zu verstehen gewesen wäre. (Soll wahrscheinlich heißen: Atom kann nicht als einfache Summe von *Proton* und Elektronen angesehen werden.)
43. Abstattung der Valenz wird bei *heterop.* Bindung klassisch erklärt, bei *homöopolarer* Bindung auch quantenmechanisch (*Pauli-princip.*[15]). Was ist das quantenmechanische Analogon im Fall *heterop.* Bindung? Hängt das nicht mit der Möglichkeit einer Verwandlung eines Elektrons in ein *Positron* zusammen?
44. Worauf beruht der ausgezeichnete Charakter der *statio.* Zustände, welcher sie allein in Beziehung setzt mit den Quantenbahnen der alten Theorie? ⟨*page*⟩

---

[11] Hier handelt es sich um einen Schreibfehler und Gödel bezieht sich auf die in Fußnote 10 erwähnte Arbeit des 17. Jahrgangs, die auf S. 486 die erwähnte Bemerkung enthält.
[12] Heisenberg, W. (1929) Die Entwicklung der Quantentheorie 1918–1928. *Die Naturwissenschaften* **17**(26): 490–496.
[13] Compton, A. H. (1929) The corpuscular properties of light. *Die Naturwissenschaften* **17**(26): 507–515.
[14] London, F. (1929) Die Bedeutung der Quantentheorie für die Chemie. *Die Naturwissenschaften* **17**(26): 516–529.
[15] ▷Das ist ein Fall, wo Anziehungskraft durch *Pauli-princ.* erklärt wird.

45. Die nächste Erweiterung der Analysis [durch welche zweifellos dann auch zahlentheoretische Probleme gelöst werden werden] besteht im Rechnen mit Funktionen, die unendliche Werte annehmen können und die man trotzdem *differenz., etc.* Diese ⟨sind⟩ vielleicht dargestellt durch Matrizen. Solche Funktionen sind durch Werte, die sie an allen Stellen des *Df.*-Bereichs annehmen, noch nicht bestimmt. Es ist anzunehmen, dass die Verwendung dieser Funktionen für die Quantentheorie auch in ihrer endgültigen Formulierung charakteristisch bleiben wird, da vermutlich für die Systeme immer besserer *Approx.* an die Wirklichkeit auch eine immer kompliziertere Mathematik [im Sinne der natürlichen Reihenfolge] erforderlich sein wird. Schon in der klassischen Physik treten solche Probleme auf bei den Nebenbedingungen. Nebenbedingungen und Kräfte sind dasselbe, nur hat das *Potential* im zweiten Fall die Form, dass es 0 ist für gewisse Punkte und unendlich für alle anderen.
46. Was sind *Planetarische* Nebel und solche mit „Kern"? Sind *galaktische Objekte.* ⟨*page*⟩
47. Ist es eigentlich möglich, klassisch die Existenz fester Körper zu erklären und die physikalisch-chemischen Eigenschaften wenigstens qualitativ?
48. Beweise, dass eine ganz neue Mechanik zur Erklärung der Quantenerscheinungen nötig ist:
    A. *Spez. Wärme* (Äquipartitionstheorem)
       (Wenn jede Zentrallinie eine eigene Grundfrequenz ⟨hat⟩, müssen wenigstens so viele Freiheitsgrade als Grundfrequenz vorhanden sein?)
    B. Scheinbarer Widerspruch zwischen *Interferenz* und Energieaustausch.[16]
    Inadequacy of the concepts of classical mec. to supply us with a descripion of atomic events.

Dirac, p.17: Es gibt eine *rel.* Quantenmechanik, aber sie ist mathematisch zu kompliziert?[17]

A'. Wärmestrahlung [= spezifische Wärme des leeren Raums]

---

49. Quantensprung = Zustandsänderung des Atoms = individueller (nicht näher beschreibbarer) Prozess. [Das soll heißen: nicht in raumzeitliche Bestandteile aufzulösen, ⟨*page*⟩ sondern als Grundding zu betrachten. (Eigene Meinung)]

---

[16] ▷C. *Ritzsches Komb. Princ.* statt *harm. Obertöne.*
[17] Diese Quelle von Dirac konnte nicht identifiziert werden. Das Lehrbuch *The Principles of Quantum Mechanics* kommt nicht in Frage, da es auf der betreffenden Seite lediglich das Superpositionsprinzip diskutiert.

Vielleicht im [*Bohr, At. u. Nat., p.71*][18] Zusammenhang damit, dass in ⟨der⟩ Relativitätstheorie die Grunddinge Ereignisse, nicht Gegenstände, sein müssen. Allerdings kann diesem Prozess kein genauer Raumzeitpunkt zugeordnet werden [*Bohr, At. u. Nat., p.74 o.*].[19]

In Übereinstimmung mit klassischen Vorstellungen können wir dem Licht eigene materielle Natur zuschreiben [vielleicht, weil Lichtquanten vernichtet werden können], da die Beobachtung der Lichtwirkungen immer auf einer Übertragung von Energie und Impuls auf die materiellen Teilchen beruht. Der greifbare Inhalt beschränkt sich vielmehr darauf, dass sie uns helfen, der Erhaltung von Energie und Impuls Rechnung zu tragen.[20] Diese beiden Sätze bilden ein Gegenstück zur der Atomtheorie zugrunde liegenden Annahme von der Beständigkeit der materiellen Teilchen, welche trotz Verzicht auf Bewegungsvorstellungen in der Quantentheorie streng aufrechterhalten wird.

Die Anwendung klassischer Begriffe (Raumzeit) wird durch das Wesen der Messung gefordert. [D. h. vielleicht: Wenn man von sekundären Qualitäten absieht (und diese sind ja prinzipiell überflüssig), läuft jede Messung auf eine Raummessung oder eine Zeitmessung hinaus. D. h. ⟨die⟩ *Df.* der Messung ist gerade ⟨die⟩ raumzeitliche Einordnung der Partikel.] ⟨page⟩

50. Licht erscheint bald als Teilchen, bald als Welle, je nachdem, wie es behandelt wird und was wir messen??

49a *p. 77* Die in der Physik vorliegende neue *Situation* erinnert uns eindringlich an die alte Wahrheit, dass wir sowohl Zuschauer als Teilnehmer in dem großen Schauspiel des Daseins sind. Wille, Gefühl und Kausalitätsforderung sind gleich unentbehrlich <u>in dem Verhältnis zwischen Subjekt und Objekt, das den Kern des Erkenntnisproblems bildet</u>.[21]

51.) Fragen:
  1.) Ist die Beschreibung der Erscheinungen mit Hilbertschem Raum und geometrischen Operatoren [wobei diese die Einwirkungs- und Messungsmöglichkeit repräsentieren] nebst Wahrscheinlichkeitsansatz etwas Endgültiges?

---

[18] Bohr, N. (1931) *Atomtheorie und Naturbeschreibung*. Berlin: Springer. Dieser Band enthält vier Aufsätze Bohrs, darunter einen Nachdruck der Como-Vorlesung von 1927. Diese Fassung der Como-Vorlesung entspricht im Wesentlichen der in der Einleitung zitierten deutschen Fassung (Bohr, 1928). Der Nachdruck weist lediglich einen kleinen Unterschied auf: Die Einleitung folgt der Version des Konferenzbandes (Atti del Congresso Internazionale dei Fisici 11–20 Settembre 1927, Como-Pavia-Roma, Volume Secondo, Nicola Zanichelli, Bologna 1928, pp. 565–588). Für die verschiedenen Textfassungen der Como-Vorlesung siehe Kalckar (1985, S.110ff). Die hier zitierten Seiten stammen jedoch aus dem Aufsatz „Die Atomtheorie und die Prinzipien der Naturbeschreibung" (pp. 67–77) von 1929.
[19] Siehe Fußnote 18.
[20] ▷Photonen = ideale Elemente.
[21] Die Bemerkung, dass wir „sowohl Zuschauer als Teilnehmer in dem großen Schauspiel des Daseins sind" zitiert Gödel wörtlich aus dem Band Bohr, N. (1933) *Atomtheorie und Naturbeschreibung*. Berlin: Springer; vgl. Fußnote 18.

2.) Welches sind eigentlich die kanonisch invarianten Züge? Gehören z. B. Teilchenanzahl, Teilchenbeschaffung, Wirkungsgesetz dazu?

3.) Analyse der Art, wie die konkreten Messungsmöglichkeiten den Operatoren zugeordnet werden. (Umweg über das Klassische!) ⟨page⟩

4.) Welches sind eigentlich sämtliche quantenmechanischen Systeme, welche für $h \to 0$ in die klassische Feldtheorie übergehen? Falls dies nicht eindeutig ist, welche Forderungen hat man hinzuzufügen, um Eindeutigkeit zu erzielen?

52.) Grund für das häufige Auftreten von Δ in physikalischen Gesetzen ist der Zusammenhang mit der Drehungsgruppe durch die Darstellungstheorie.

53.) Das Charakteristische des Terminus „jetzt" ist, dass er mehrdeutig ist, und trotzdem jeder Satz, in dem er vorkommt, in eindeutiger Weise entschieden werden kann. Dies gilt auch für alle Termini, deren Bedeutung aus der *Situat.* bestimmt ist: „Du", „ich", „hier". Bei „jetzt" hängt die Bedeutung ⟨in⟩ möglichst geringster Stärke von der *Sit.* ab (nämlich nur vom Zeitpunkt).

54.) Wie ist dasjenige Charakteristikum der Welt (der Erscheinungen), welches darin besteht, dass die Zeit fortschreitet und sich fortwährend alles ändert, zu beschreiben? Diese Tatsache geht nicht in die physikalische Theorie ein. Sie hängt offenbar damit zusammen, dass es für die Individuen möglich sein soll, bei ⟨page⟩ (teilweiser) Kenntnis der Welt auf die Welt einzuwirken, d. h. auf die Reize zu reagieren. Dies ist die Grundtatsache der Ethik. Vielleicht ist dies das oberste Gesetz, aus dem die Gesetze der Physik deduziert werden können? Der wahre Unterschied zwischen Vergangenheit und Zukunft ist ein subjektiver. Zukunft = das, was wir ändern können, Vergangenheit = das, was wir nicht ändern können.

55. Sollte nicht bei den Auswahlregeln auch für die Übergangswahrscheinlichkeit verbotener Zustandsänderungen ein endlicher Wert sich ergeben? Ist das nicht bei *Dirac* vielleicht der Fall?

56. Falls man überhaupt eine Zuordnung von Welle zu Teilchen vornimmt, folgt aus der Relativitätstheorie die Art dieser Zuordnung! *Broglie*

57. *Debye-Scherrer-Methode* bei *amorphen Subst.*?

58.) Unsere Sprache ist ein zur Beschreibung der *Microphys.* unvollkommen geeignetes Gedankenmittel *(Bohr).* Kann man aber nicht die Sprache der Quantenphysik in unserer Sprache beschreiben? ⟨page⟩

59.) Genau überlegen, inwiefern der Rahmen der damaligen Physik durch die Theorie von *Newton, Maxwell, Einstein* gesprengt wurde, inwiefern neue Begriffsbildungen und inwiefern eine neue Mathematik dazu erforderlich war (und eine neue Sprache).

60.) Analogie zwischen Licht und Materie sollte vielleicht überlegt werden an dem Problem der spezifischen Wärme fester Körper und Hohlraumstrahlung andererseits. Insbesondere was wäre das Analogon der atomistischen Struktur des Festkörpers für den Hohlraum? Und das Analogon der kontinuierlichen Struktur für den Festkörper?

61. Inwiefern kann die Quantenmechanik aufgefasst werden als das ursprüngliche Bohrsche Schema[22] ergänzt durch Wahrscheinlichkeitsansatz für die Übergänge. In diesem Fall wäre das Verhältnis der Quantenmechanik zur klassischen Physik folgendes:
   1.) In der klassischen Physik gibt es kontinuierlich viele verschiedene ⟨page⟩ Zustände eines Systems und die Gesetze beschreiben die kontinuierlich sich abspielenden Übergänge zwischen diesen Zuständen.
   2.) In der Quantenphysik gibt es nur eine diskrete Mannigfaltigkeit von Zuständen [der statistische Zustand], und die Gesetze beschreiben die Wahrscheinlichkeit der Übergänge zwischen diesen.

   Diese Analogie stimmt insofern nicht, als die Klasse der möglichen Zustände nicht objektiv gegeben ist (nur im Falle nicht-ausgearteter Energieniveaus ist dies der Fall), sondern die „Phasenraumzellen" weitgehend willkürlich sind (Richtungsquantelung!). Dass man gerade die Eigenwerte des Energieoperators als objektiv mögliche Zustände betrachtet, dürfte auch nur relativ sein und damit zusammenhängen, dass man den zeitlichen Verlauf (t, E konjugiert) der Erscheinungen verfolgen will. Was wäre eine analoge Behandlungsweise hinsichtlich x-Koordinate? ⟨page⟩

62. *Nat. 16, 1928, p.772, Jordan.*[23] Noch zu lösendes Problem der Quantenphysik ist die Quanten-*Elektrodyn.*, deren Hauptprobleme:
   1.) Warum besteht der sonderbare *Dualismus* zwischen Korpuskel und Welle?
   2.) Warum ist es so, dass ein quantenmechanisches Wellenfeld – völlig abweichend von einem klassischen – stets und notwendig korpuskuläre Teilchen aus sich herauswirft?

63. Gibt es wirklich Beugung von molekularen Strahlen?

63a) Bei einem Streuprozess an einem Atom kann gestreut werden
   1.) am Elektron,
   (2.) am Kern,)
   3.) am Atom.

   Ein Streuprozess an 1. erscheint als *Absorpt.*-Prozess, an 2. |als Streuung|. Dies scheint der Unterschied zwischen Streuung und *Absorpt.* zu sein. Ein Atom (Molekül) scheint irgendwie genauso eine Einheit zu sein wie ein Elektron oder Proton. ⟨page⟩

64. Warum tritt der Raman-Effekt nicht auch bei Atomen auf?

65. Wieso kann Fluoreszenzlicht in Gas polarisiert sein?

66.) Die Unmöglichkeit der raumzeitlichen Einordnung der Erscheinungen in der Quantenmechanik beruht vielleicht (nach *Schröd., Nat. 17*) darauf, dass man sie nicht darstellen kann als Summe von Einzelerscheinungen an den verschiedenen Raumpunkten, sondern das physikalische Gebilde als Ganzes betrachten muss. Ist es überhaupt möglich, ein Experiment (Messapparat) zu ersinnen,

---

[22] ▷ergänzt durch eine eindeutige Bestimmung der Energie-*Niveaus* (Zustände) auch für den Fall der Mehrkörperprobleme.

[23] Jordan, P. (1928) Der Charakter der Quantenphysik. *Die Naturwissenschaften* **16**(41): 765–772. Gödels Seitenangabe bezieht sich auf die Bemerkung zur Quantenelektrodynamik.

welcher den Zustand einer bestimmten Raumzeitstelle untersucht? Jedenfalls wäre der Zustand des Systems noch nicht gegeben, wenn man den wahrscheinlichen Ausfall aller dieser Experimente kennen würde. ⟨page⟩

67.) *Ramsauer-Effekt*? *Hall-Effekt*? *Nernst-Effekt*?

67a Abhängigkeit der freien Weglänge der Elektronen von der Geschwindigkeit? Abhängigkeit des Widerstands von der Temperatur:
1.) Für hohe Temperatur: $w = KT$ (theoretisch und *exper.*)
2.) Für tiefe Temperatur: *Theor.*: $w = AT^2$
   exper.: $w = AT^4$

Hinsichtlich der absoluten Leitfähigkeit sind (*1928, (Nat.)* ⌊Planck⌋) noch keine befriedigenden Resultate erzielt (theoretisch).

68.) Die in meinem ersten Heft dargestellte *spez. Rel. Theorie* wäre zu erweitern
1. durch Einführung elastischer Kräfte,
2. durch Einführung der Wärmebewegung,
3. durch Verallgemeinerung auf den Fall eines allgemeines Riemann'schen Raums (*Grav.* Wirkungen). ⟨page⟩

69. Verhältnis von Theorie und Praxis

Bei jeder Theorie einer Erscheinung sind Idealisierungen notwendig. (Die Körper sind absolut glatt, die Kanten sind gerade Linien, der Übergang zwischen den Materialkonstanten ist unstetig, die Körper sind chemisch homogen. (In Wirklichkeit sind Gase lokaldefiniert)) Es gibt nun Fälle, wo der Ausfall des Experiments stetig von diesen nicht berücksichtigten Umständen abhängt (Normalfall). Dann stimmen Experiment und Erfahrung. (Z. B. Beugungserscheinungen, Brechungsgesetz...) Es gibt aber auch Fälle, wo es unstetig abhängt. Dann hängt der Ausfall des Experiments gerade von den Minimalstörungen ab und ändert sich unstetig, wenn diese beseitigt werden. Z. B.: Polarisation des Lichts an Oberflächen, Zerreißfestigkeit von Kristallen, [*Photoeffekt*? (hängt mit dem *ads.* Gas zusammen)], *Voltaeffekt, Kapillarität* [hauptsächlich Oberflächenerscheinungen!].

Daher: Bei Anwendung einer Theorie ist immer zu untersuchen, ob das Resultat durch Störung der Idealisierung stetig oder unstetig beeinflusst wird. ⟨page⟩

Es ist anzunehmen, dass Effekte der zweiten Art sich durch Gesetzlosigkeit und Unregelmäßigkeit ihres Ablauf auszeichnen.

70. Wie ist das Verhältnis der großen Ordnungen von: Frequenz der verschiedenen Atomzustände; Kernschwingungsfrequenz; Rotationsfrequenz; Feinstruktur; *Hyperfeinstruktur*?

71. *Boltzmann*, Annahme A.
1.) Dass das Universum, wenn man es als mechanisches System auffasst, oder wenigstens ein sehr ausgedehnter, uns umgebender Teil desselben von einem sehr unwahrscheinlichen Zustand ausging und sich noch in demselben befindet.
2.) In den räumlich und zeitlich sehr seltenen „*Universen*" kommt es ebenso oft vor, dass die Entropie zunimmt, als dass sie abnimmt. Lebewesen, die sich dort befinden, werden aber immer die Zeitrichtung, in der die Entropie zunimmt, als die Zukunft bezeichnen. Der weitaus häufigste Fall muss aber

der sein, dass sie teils zu-, teils abnimmt (in Widerlegung dieser Auffassung).
⟨page⟩
72. Ehrenfest:[24] The principle of corr. contains the essential features of the wave theory. Phenomena of coherence resist all attempts of the quantum theory.
73. Perles, Nat. 16, p.1095[25]
$h = \frac{1}{\pi-1} \frac{m_+}{m_e} \cdot \frac{e^2}{c}$ (Stimmt bis auf ½‰.)
74. Drei mögliche Koordinaten ⟨? ist⟩ in Hydrodynamik:

B.) $\underline{f}(xyz)\, \underline{g}(xyz)\, \underline{h}(xyz) =$
 = Koordinaten des Massepunktes, der zur Zeit $t=0$ die Koordinaten xyz hatte.
 Und $\underline{f_t}\, \underline{g_t}\, \underline{h_t}$ = Geschwindigkeit desselben Massepunktes
C.) $\rho, \mathfrak{v}_x, \mathfrak{v}_y, \mathfrak{v}_z$ an der Stelle xyz
A.) $\int_0^t \rho\, \mathfrak{v}_x\, dt \ \ldots\ \int_0^t \rho\, \mathfrak{v}_z\, dt$
 $\mathfrak{v}_x \ \ldots\ \mathfrak{v}_z$

B = Individualisierung
A = Individualisierung + Erinnerung ⟨page⟩
Durch die Koordinaten B ist C eindeutig bestimmt. [Frage: Ist B durch A eindeutig bestimmt?[26]] Umgekehrt ist weder durch A durch B ⟨sic⟩, noch B durch C eindeutig bestimmt.

75. Sei ein mechanisches System mit $p_1 \ldots p_n\ q_1 \ldots q_n$ gegeben. Wenn $p_i q_i\, (\subseteq p_1 \ldots q_n)$ so beschaffen ist, dass aus den Werten von $p_i q_i$ für $t=0$ die für jede Zeit immer eindeutig folgen, heißt $p_i q_i$ ein Teilsystem. Offenbar ist $\rho, \mathfrak{v}_x, \mathfrak{v}_y, \mathfrak{v}_z$ ein Teilsystem von B.). Die Möglichkeit, ein Teilsystem herauszugreifen, beruht in diesem Fall auf der Vertauschbarkeit von je zwei Massepunkten in den *hydrodyn.* Gleichungen, wodurch zwei Zustände, die in den C-Koordinaten übereinstimmen, völlig ununterscheidbar werden [durch keine Messmethode zu trennen] ⟨und⟩ daher auch die folgende Geschichte bestimmen müssen. Anders bei einem festen Körper. Da ist der Zustand durch $\rho\, \mathfrak{v}$ noch nicht gegeben. Es können noch *tordierte* und ⟨page⟩ nicht tordierte Zustände unterschieden werden. Das Analoge wäre in diesem Fall die Koordinaten-*Geschw.; Defor. Zustand* (= *Defor. Tensor*). Daraus könnte man im Fall eines unendlichen elastischen Körpers fhg bis auf orthogonale Transformationen berechnen, im Fall eines endlichen ⌊Körpers⌋ fgh genau berechnen. [Außer wenn der Körper gewisse Symmetrieeigenschaften hat. In diesem Fall nur bis

---

[24] Epstein, P. S. und P. Ehrenfest (1924) The Quantum Theory of the Fraunhofer Diffraction. *Proceedings of the National Academy of Sciences* **10**(4): 133–139. Gödel zitiert von S. 139.
[25] Perles, J. (1928) Besteht zwischen der elektrischen Elementarladung e und dem Planckschen Wirkungsquantum h eine universelle Beziehung? *Die Naturwissenschaften* **16**(51): 1094–5.
[26] ▷Vielleicht beantwortet in *Lichtenstein Hydrodyn.*

auf Transformationen der Symmetriegruppe.] Anwendung auf ein System mit endlich vielen Freiheitsgraden: Der betrachtete Körper sei eine Kugel. Dann ist der Zustand vollkommen gegeben durch Schwerpunkt, Koordinatengeschwindigkeit und Rotationsgeschwindigkeit, also <u>drei Größen</u> [abgesehen von Translationsgrößen]. Um ein kanonisches Variablensystem zu erhalten, muss man eine hinzufügen und hat dann s, s_z, φ (und ein unklarer Drehwinkel χ). Ein anderer Gesichtspunkt zur Aufsuchung von Teilsystemen ist der folgende: Das System kann so beschaffen sein, dass gewisse Zustandsgrößen (Variablen) weder von selbst, noch durch irgendeine Art der Einwirkung sich ändern (z. B. Drehmoment des Elektrons). ⟨*page*⟩ Dann können diese aus der Beschreibung einfach weggelassen werden.

<u>Zusammenhang dieser beiden Gesichtspunkte?</u>

76.) Kann man jedes Funktionensystem $q'_i = f_i(q_i p_i)$ zu einer Berührungstransformation ergänzen? nein*

77. Was ist das Analogon zu *adjungiert (transp.)* für nicht-lineare Transformationen? $f = \breve{g} \equiv (\mathfrak{v}\mathfrak{w})\ \mathfrak{v} f \mathfrak{w} = \mathfrak{w} g \mathfrak{v}$ oder Aufstellung der Bedingungen für die Funktionsmatrix an allen Stellen.

78.) * Wäre die notwendige und hinreichende Bedingung vielleicht diese:

Σ ⟨? h mit einem Index⟩ $\left[\frac{\partial Q_i}{\partial p_n} \frac{\partial Q_k}{\partial q_n} - \frac{\partial Q_i}{\partial q_n} \frac{\partial Q_k}{\partial p_n} \right] = Df$
$= [Q_i Q_k] = 0$?

79.) Das würde bedeuten, dass die Bedingung $[P_i P_k] = 0$ und $[Q_i Q_k] = 0$ & $[Q_i P_k] = \delta_i^k$ gefolgert werden kann.

80.) Gibt es kanonische Koordinaten für den starren Körper, unter denen die drei Impulskomponenten nach einem rechtwinkligen Achsenkreuz vorkommen? (Wahrscheinlich nicht.) ⟨*page*⟩

81. Für eine zentrisch symmetrische Kugel gibt es scheinbar kein konservatives Kraftsystem, welches den Drehimpuls ändert. (Jawohl)

82. Kräfte, die von den Geschwindigkeiten abhängen, aber so, dass es ein H gibt, sind das dieselben wie die, für welche das Energieprinzip gilt? D. h. durch Kopplung mit anderen Systemen keine arbeitserzeugenden Kreisprozesse möglich sind?

Kann man nicht aus der Voraussetzung der Existenz eines solchen H eine allgemeine Ableitung der *Ham.* Gleichungen finden??[27]

83. Drei Arten von Betrachtung mechanischer Systeme:
    1. Als abgeschlossene Systeme,
    2. als Systeme, die unter dem Einfluss zeitlich beliebig variabler Kräfte stehen [P auf der rechten Seite] $P(t), Q(t)$,
    3.) Systeme, die mit anderen Systemen (S') gekoppelt sind, wobei die Bewegung von S' zwangsläufig erfolgt [d. h. Koordinaten als Funktion der Zeit gegeben]. $H(q_i p_i t)$

---

[27] ▷Es müsste gezeigt werden, dass bei gegebenem H und Koordinaten und Bewegungen immer *Impulse* eingeführt werden können, welche den *Ham. Gl.* genügen.

2 kann wahrscheinlich auf 3 zurückgeführt werden, indem man ein spezielles ⟨page⟩ System, mit dem immer nach 2. gekoppelt wird, hinzufügt. Nämlich etwa ein System, das aus einem Gewicht in einem Schwerefeld ⟨besteht⟩, nebst automatischer Regulierungsmöglichkeit der Übertragung des Gewichtsdrucks an verschiedenen Stellen des zu beeinflussenden Systems.
Für die Thermodynamik wichtig:? Bei 2 immer nur solche Einwirkungen zugelassen, welche mit makroskopischen Mitteln realisierbar sind?
4.) Es werden zeitweise Kopplungen mit anderen Systemen hergestellt (energetisch beliebig klein).
84. Prinzip der Kopplung: Wenn die Energie von I H_I, die von II H_{II} ist, so ist die Energie des gekoppelten Systems $H_I + H_{II} + H_{I,II} = H_N$, $H_{I,II} = 0$ Entspricht dem Fall, dass die beiden Systeme einfach gedanklich als eins betrachtet werden. Verhältnis von der Bestimmung von H_N und der Bestimmung des zeitabhängigen H, welches bei zwangsweiser Änderung der Koordinaten von H_{II} nach 3 in Kraft treten würde? ⟨page⟩
83a.) Im Fall von 4.) ist es eigentlich sehr merkwürdig, dass durch energetisch beliebig kleine Kopplungen beliebig große Effekte erzielt werden können. [4. ordnet sich dadurch unter, dass einfach die Kraft (bzw. die Zeitunabhängigkeit von H) verschwindend ist.]
86. Übergang zwischen Teilsystemen nach 75 entspricht Übergang zu eindeutigen Koordinaten. [D. h.: verschiedene Koordinaten = verschiedene Zustände] Im Fall einer Anzahl von gleichen Elektronen ist die Dimension des eindeutigen Systems gleich dem ursprünglichen. Bei Rotation des Elektrons vermindert sich die Dimensionszahl. *Statistik* ändert sich bei Übergang zu eindeutigen Koordinaten nicht. [Wahrscheinlichkeit = Volumen im Phasenraum] *Fermi* oder *Bose Stat.* tritt erst in Kraft, wenn ⌊nur⌋ endlich viele Zustände möglich sind und Platzmangel eintritt. ⟨page⟩ Übergang zur *klass. Fermi St.* = Koordinatentransformation (mehr eindeutig) oder = Übergang von Korpuskel- zu Feldvorstellung.
87. Mit welchem Recht wird bei ⟨der⟩ Berechnung der spezifischen Wärme fester Körper von den *Transv.* Schwingungen abgesehen?
(Nachsehen in *Planck* und Vortrag über *kin. Theor. Boltzm.*)
88. Gequantelt sind diejenigen Zustände, welche klassisch mehrfach periodischen Bewegungen entsprechen, nicht-gequantelt diejenigen, welche *aperiodischen* Bewegungen entsprechen.
89. Direktester Nachweis diskret verschiedener Zustände = *Stern Gerlach*
90. Messung der *Ionisierungsenergie:*
1. *Methode von Lenard,* 1902 (elektrisch)
2. *Methode von Eggert-Saha,* 1919/20
Messung aus der *thermischen Ionis.*
exp. *Noyes Wilson, 1923*

91. Wie ist es mit dem Zusammenhang zwischen *Ion*. Energie und spektroskopischer Serienkonvergenz im Falle mehrerer leichter Elektronen?
92. *Nat. 16*, guter Artikel von *Jord.*[28] über Charakter der Quantenphysik.
93. Kossel, *Nat. 16, 298.*[29] Grund für Nicht-Vorhandensein von Kernen > 92 ist *Instab*. des Elektronengebäudes. [Die Elektronen würden in ⟨page⟩
85. ⟨gestrichen⟩ Einwirkung bei 2 kann ausgedrückt werden durch:
    A. Kraft als Funktion der Zeit,
    B. *H* als Funktion der Zeit. Dem entspricht:
93. den Kern fallen. Dies erklärt aber nicht die Grenze der Atomgewichte]
    a.) *Sommerfeldsche Spiralb*.
       At. Spektrallinien, 4. Aufl., 6. Kap., §7[30]
       $Z_{max} = \frac{1}{2}\frac{hc}{\pi e^2}$
    b.) Magnetische Anziehung von zwei gegenüberliegenden Elektronen $\geq$ elektrische Abstoßung
       $Z'_{max} = \frac{2}{\sqrt{3}}\frac{hc}{\pi e^2}$
94. Jordan, *Nat. 17, 505*.[31] In der Quantentheorie haben sich die einzelnen *Fourier*-Komponenten gewissermaßen selbständig gemacht.
95. Abnorm kleine Verweilzeit = abnorme Unschärfe der Linie = Übergang zum kontinuierlichen Spektrum
96.) Das Charakteristische der chemischen Kräfte (*Valenz*-Kräfte) ist die *Absättigung*. Diese tritt ebenso ein bei *elektrost*. Kräften und Kräften zwischen ⟨page⟩ *Dipolen* (elektrisch oder magnetisch).
97. Nur für *heteropolare* Verbindungen ist es richtig, dass der ganze Kristall als ein Molekül zu betrachten ist. [Vielleicht kann man auch sagen, die Jonen sind als Moleküle und die Kristalle als Mischkristalle aufzufassen.] Bei *homöopolaren* Verbindungen dagegen sind die Moleküle im Kristallgitter scharf voneinander getrennt. *(Jonengitter, Molekülgitter)*
98. Erklärung der Valenzabsättigung [in erster Näherung] besteht darin, dass Kräfte zwischen drei oder mehr Atomen wirken, die sich nicht in Komponenten von je zweien, nur von der paarweisen Distanz je zweier abhängiger auflösen lassen.
99. Wenn zwei Elementargebilde in den Zuständen E_1, E_2 zusammenstoßen, und es solche Zustände gibt, für welche $E'_1 - E_1 = E_2 - E'_2$, so ist die Wahrscheinlichkeit, dass $E_1 \to E'_1$ & $E_2 \to E'_2$, besonders groß, das heißt, der Wirkungsquerschnitt ist ein besonders großer. *(Resonanzersch.)* ⟨page⟩
Frage: Wieso kann man auch mit sehr raschen Elektronen z. B. Hebungen in das nächst höhere Niveau bewirken? Nicht aber mit Lichtquanten zu großer

---

[28] Jordan, P. (1928) Der Charakter der Quantenphysik. *Die Naturwissenschaften* **16**(41): 765–772. Es handelt sich um Jordans Antrittsvorlesung in Hamburg.

[29] Kosel, W. (1928) Zur Begrenzung des Systems der Elemente. *Die Naturwissenschaften* **16**(17): 298–299.

[30] Hier bezieht sich Gödel auf das Werk „Atombau und Spektrallinien" von Arnold Sommerfeld. Die vierte Auflage wurde 1924 aufgelegt.

[31] Jordan, P. (1929) Die Erfahrungsgrundlagen der Quantentheorie. *Die Naturwissenschaften* **17**(26): 498–507.

Fequenz. Offenbar ist der Wirkungsquerschnitt von Elektronen *cet. paribus* größer als von Lichtquanten.*

Frage: Was ergibt sich, wenn man $w(v)$, die Wahrscheinlichkeit einer Einwirkung (Schlag in ein tieferes Niveau), kennt und man läßt $v \to 0$. Ergibt sich dann nicht die Wahrscheinlichkeit spontaner Emission?

* Anderer Fall, da die Zustände des einen Systems (Lichtquant, Elektron) hier kontinuierlich sind. In diesem Fall scheint der Fall der Resonanz der zu sein, dass entweder
1. die Energie nahezu gleich bleibt (Streuung),[32]
2. die Energie auf 0 reduziert wird.[33] *Raman* − Effekt deswegen nur bei kleiner Kofrequenz des Moleküls möglich.

Um diese Energieresonanz als Schwingungsresonanz zu deuten, müsste man so vorgehen: Die höheren Zustände E'_1, E_2 müssen eine Schwingung ⟨page⟩ angeregt enthalten, die den anderen E_1, E'_2 fehlt und für beide gleich ist. Das kann also nur die Fequenz $E_2 - E'_2 = h\nu$ sein. Diese und alle analogen müssen also im höheren Zustand angeregt gedacht werden, im niedrigeren nicht. Die Tatsache, dass der Prozess ebenso gut beim Zusammenstoß in verkehrter Richtung verlaufen kann (*Absorpt., Emiss.*; Stöße erster und zweiter Art, *etc.*), entspricht der Tatsache, dass bei zwei resonierenden Pendeln die Energie hin- und herflutet, je nachdem, wann der Prozess unterbrochen wird, in einem oder ⟨dem⟩ anderen Pendel ist.

100. Welches ist das Verhältnis von *Akausalität* und *Diskont.* in der Quantenphysik?
101. *Bohr, At.Na.* ⟨?⟩, *p.3*,[34] behauptet, dass die gewohnten Anschauungsformen, z. B. absolute Gleichzeitigkeit, Raumzeitbeschreibung der Erscheinungen, obwohl sie nur Näherungen sind, doch unentbehrlich sind, um die Erfahrungen auszudrücken. D. h. also, dass es nicht möglich ist, sie durch den korrekten neuen Rahmen (Anschauungsform, Theoriestruktur) einfach zu ersetzen, was doch seinen Grund nur darin haben ⟨page⟩ kann, dass Wahrnehmungen schon mit dieser Anschauungsform in unser Bewusstsein treten. (D. h., der Prozess der Formung findet schon irgendwo in den Tiefen des Gemüts statt. Sogar schon vor ⟨dem⟩ Zustand kommen die Empfindungen (nicht nur die Wahrnehmungen).)

---

[32] ▷ Das hängt vielleicht mit dem Satz der Erhaltung des Impuls zusammen, d. h. Ausstrahlung eines freien Elektrons unmöglich.
[33] ▷ Der Fall ist doch nicht so grundlegend verschieden, da ja auch bei zwei Atomen die kontinuierliche Translationsenergie zur Verfügung steht.
[34] Bohr, N. (1931) *Atomtheorie und Naturbeschreibung*. Berlin: Springer. Dieser Band enthält vier Aufsätze Bohrs und wird von einer 1929 geschriebenen (und 1931 ergänzten) Übersicht (S. 1–15) eingeleitet, aus der Gödel hier zitiert. Vergleiche auch Fußnote 18.

Quantenmechanische Analogie zu Gleichzeitigkeit wäre: Die Einordnung der Erscheinungen in Raumzeit ist für verschiedene Beobachter verschieden und hängt auch von der Art der Beobachtung ab, ist aber immer möglich.

102. Die Tatsache der Willensfreiheit lässt sich in das Schema des klassischen Physik nur dadurch einordnen, dass man ein System X annimmt, welches nicht den Gesetzen der klassischen Physik genügt [welches nicht einmal die Struktur der anderen Systeme hat, sodass Anwendung der klassischen Physik sinnlos wäre]. Diese Tatsache fällt deswegen nicht auf, weil die klassische Physik ohnehin die Erfahrungen, welche sich in Willensfreiheitssystemen (Organismen) abspielen, gar nicht umfasst.

103. Wie wäre die Voraussetzung der klassischen *Thermodyn.* (gleiche Gebiete des Phasenraums sind *a priori* gleich wahrscheinlich) in eine Aussage über die Struktur der Welt zu transformieren? Wahrscheinlich würde sie dann zu empirisch falschen Aussagen führen (über die Vergangenheit). ⟨page⟩

103B. Vielleicht ist aber eine Umformulierung möglich, sodass sie zu richtigen Voraussagen führt. Ist das aber auch bei Einführung des Systems X möglich? X = eigener Körper

104. Kann man das Strahlungsgesetz ableiten aus:
   1. Energie ⌊der Oszillatoren⌋ irgendwie gequantelt,
   2. Wien'sches Verschiebungsgesetz.

105. Zusammenhang zwischen *III H.S.* und Quantentheorie: Die Quantentheorie liefert eine bestimmte Zelleneinteilung und daher einen absoluten Wert der Entropie. Das erklärt aber nicht, wieso auch für die Entropiedifferenz klassische und quantenmechanische Berechnungen verschieden sind. Es ist vielmehr so, dass auch in der klassischen Theorie eine absolute Größe der Zellen gegeben wäre, nämlich = 0, und daher oft Größen quantenmechanisch gegeben sind, die klassisch nicht berechnet werden können, sondern nur für die Zellengrößen sich andere Werte ergeben.

106. Kann man auch andere Schwankungen als die Energieschwankungen *thermodyn.* begründen?

107. Erst die thermodynamische Begründung der Energieschwankungen eines Strahlungsfeldes ist begründet in Anwendung auf die Planck'sche Strahlungsformel. (Nicht die *Gibbs*'sche, auf klassischer Mechanik beruhende kanonische Verteilung.) ⟨page⟩

107. Wiensche (*Rayleigh*sche) Strahlungsgesetz allein ergibt die Lichtquanten-(Strahlungs)-Schwankungen allein.

108. I Allgemeine Berechnung der Verteilung eines quantenmechanischen Systems auf (durch das System gegebene) „natürliche" Zellen des Phasenraums?

2 Quantenmechanik I

A.) Im Falle durchwegs verschiedener Freiheitsgrade (Hohlraumstrahlung, spezifische Wärme fester Körper)
B.) Im Falle symmetrischer Freiheitsgrade (Entartung eines idealen Gases)
II Berechnung der Entropie und freier Energie für A.) und B.)
Es sind noch zu unterscheiden die Fälle
1. Anzahl der Teilchen auf eine natürliche Zelle groß,
2. diese Anzahl klein.

---

109. Behandelt man ⌊α.)⌋ die Hohlraumstrahlung wie in B, so kommt das Richtige heraus. Behandelt man sie dagegen ⌊β.)⌋ als System von Teilchen in analoger Weise (endliche Zellteilung des Phasenraums), so kommt das Falsche heraus. (Nämlich das Wiensche Strahlungsgesetz = alleinige Berücksichtigung der Lichtquanten ohne ihre ⟨page⟩ Wellennatur.) Grund: In β.) muss *Bose-Stat.* angewendet werden, für α.) kommt das nicht in Betracht, weil die Freiheitsgrade nicht symmetrisch sind.
? Daraus wäre zu schließen: Wellennatur hat irgendwie die *Bose*-Stat. zur Folge und hängt mir ihr zusammen?

110. Die kleinste Bahn im Wasserstoffatom scheint irgendwie relativistisch bedingt zu sein. Z. B.: Darf nicht zu nah an die Lichtgeschwindigkeit herankommen. (Tatsächlich $\frac{v}{c} = \frac{1}{137}$)

111. Versucht man, die Quantenmechanik zu deuten als klassische Mechanik + diskrete Zustände + Übergangswahrscheinlichkeiten statt stetiger Übergang, so treten zwei Schwierigkeiten auf:
    1.) Die statistischen Zustände ⟨sind⟩ nicht objektiv gegeben, sondern scheinbar weitgehend willkürlich oder vom Beobachter abhängig.
    2.) Frequenzbedingung unverständlich. [Dies ⟨ist⟩ vielleicht zu erklären, indem man Atome und Strahlungsfeld in ein System zusammenfasst.]

112. Zwei Auffassungen betreffs *stat.* Zustände:
    1. Die statistischen Zustände sind klassisch mögliche Bahnen. (Dann ist nicht einzusehen, ⟨page⟩ warum korrespondenzmäßig überhaupt ein Übergang stattfinden sollte.)
    2. Die statistischen Zustände sind klassisch mechanisch nicht mögliche* Bahnen. (Frage: Was wird dabei vernachlässigt?) In *Praxi* ist es die „Ausstrahlung". Was ist es aber bei Elektronenstößen?

    * Und Abschätzung der Übergangswahrscheinlichkeit erfolgt nach der Zeit, welche das klassische System braucht, um von einem Zustand in den anderen überzugehen.

113.) Wieso ist es dann möglich, die Quantenbedingungen auch für Atomsysteme (die wegen des Strahlungsfeldes unabgeschlossen sind) zu formulieren? Vielleicht hat der Energieerhaltungssatz auch nur relative Bedeutung? [Und vielleicht haben die Lichtquanten nur Bedeutung als ideale Elemente und den Energieerhaltungssatz zu retten.] ⟨page⟩

114. Der Punkt, wo die einfache Korrespondenz zur klassischen Mechanik [statistische Zustände, Übergangswahrscheinlichkeit :: unendlich viele Zustände, stetige Übergänge] versagt, ist der: In der klassischen Mechanik kann ein ⌊um zwei Quanten⌋ tieferer Zustand nur erreicht werden durch Übergang ⟨+durch Übergang⟩ durch den Zwischenzustand. In der Quantenmechanik sind auch direkte Übergänge möglich, und ihre Wahrscheinlichkeit richtet sich nach der Intensität des ersten erreichbaren Tons der Schwingungen. D. h. die Bewegung eilt [wenn auch nur in statistisch wenigen Fällen] der klassischen Bewegung beliebig weit voraus, andererseits bleibt sie [auch in wenigen Fällen] weit hinter der klassischen Bewegung zurück. Im Mittel kommt dann irgendwie die klassische Bewegung heraus, d. h., die klassische Bewegung „zerfließt" im Phasenraum [in weit stärkerem Maße, als dies nach *Gibbs* auch der Fall ist]. Dass die Fourier *Comp.* für die Übergänge in tiefere Stufen maßgebend sind, ⟨page⟩ kann so aufgefasst werden, dass die *Fourier Komp.* die Komponenten verschiedener Raschheit sind, und diese sondern sich dann mit der Zeit, indem die Raschesten am weitesten sind (in derselben Zeit), was eine Ähnlichkeit mit *Milneschem* Universum hat. Das teilweise Vorauseilen vor die klassische Bewegung hat einige Ähnlichkeit mit der *Absorpt.* von Licht beim Photoeffekt, bevor noch genug Energie aufgespeichert ist. [Ist auch genau dieselbe Erscheinung.] Weiterer Ausbau der Analogie könnte fruchtbar sein!

115. Wie ist die Frequenzbedingung korrespondenzmäßig zu erklären? Das ist die Kardinalfrage, welche das Wesen der Lichtquanten impliziert.

116. Der Unterschied zwischen: Atomsatz = Beschreibung der Empfindungen und Atomsatz = Beschreibung der Wahrnehmungen (Rahmenangabe schon enthaltend) besteht in einer anderen Abgrenzung des Subjekts. (Im zweiten Fall weiter innen.) ⟨page⟩

117. Rubinow., Hb. p.15.[35]
? *H* ist in vielen Fällen die Energie?

118. Der Unterschied der relativistischen Mechanik von der klassischen besteht darin, dass die Trägheitskraft ein anderes Gesetz befolgt. Wobei Trägheitskraft = derjenige *Summand* in der Kraftfunktion, welcher nur von dem Zustand desselben Partikels abhängt. [Analog Teilung der Energie in *kin.* und *pot.*] Falls der Raum *inhomog.* ist, müsste man sagen, welche von der Geschwindigkeitsänderung desselben Partikels abhängen [bzw. von der Geschwindigkeit desselben Partikels]. Ebenso müsste man formulieren, wann das Relativitätsprinzip exakt formuliert wäre, sodass auch die Trägheitskraft nur von der relativen Geschwin-

---

[35] Rubinowicz, A. (1933) Ursprung und Entwicklung der älteren Quantentheorie. In: Geiger und Scheel (Hrsg.) *Handbuch der Physik – Bd. 24/1 Quantentheorie.* Berlin: Springer.

digkeit abhängt. D. h.:: Trägheitskraft : andere Kraft = kinetische Energie : potentieller Energie = *Impuls* : *Koordin*. In ⟨der⟩ Relativitätstheorie ist scheinbar eine Spaltung der Energie in zwei *Sum.*, die bezüglich von *Imp.* und Koordinaten abhängen, unmöglich?[36] Daher auch keine Spaltung in kinetische und potentielle Energie? ⟨*page*⟩ Trotzdem bleibt in der speziellen Relativitätstheorie der Unterschied Koordinate Impuls deutlich. Wie steht es damit in der allgemeinen? Was ist Koordinate und was Impuls in der allgemeinen Relativitätstheorie bzw. *Kaluza* − Theorie? Fruchtbare Fragestellung: Wie sieht $q_i\, p_i\ H$ bei spezieller und allgemeiner Relativitätstheorie bei Anwesenheit von Ladungen und Masse aus?

119. Nur im Fall der Energieentartung bleibt eine Willkürlichkeit bezüglich der statistischen Zustände. Im Übrigen schon durch die Auszeichnung der „Zeit" und daher „Energie" bestimmt.

120. Wie soll man eine „Phasenfunktion" nennen, wenn sie für Zustände, die zeitlich auseinander hervorgehen, gleich ist?

112a Was wird dabei vernachlässigt? Offenbar diejenigen Wirkungen, die erst bei schneller Bewegung [Bewegungsänderung?] ins Spiel treten, während die „*statistischen*" Wirkungen bereits in den ~~Gleichungen und Ham.~~-Gleichungen und der stetigen Bewegung des Systems berücksichtigt sind. Oder: Diejenigen Wirkungen, welche schon irgendwie mit ⟨*page*⟩ *Lorenz*-Transformation ⟨*sic*⟩ und Relativitätstheorie zusammenhängen, werden vernachlässigt, die „klassischen" werden berücksichtigt.

Allgemein: Die nach der klassischen Theorie [Relativitätstheorie, *Kaluza*-Theorie] wirkenden Kräfte werden in zwei Klassen geteilt.

A. Solche, die in der klassischen Weise wirken. [Das sind die mehr ⟨? berechtigten⟩ *stat*. Bei langsamer Bewegung alleine wirksam.]

B. Solche, welche die Quantenübergänge verursachen. [Das sind die, welche bei rascher Bewegung hinzukommen.]

Beispiel: Stoß zwischen Atom und Elektron.

I. Wenn die Elektronen langsam sind, so tritt nur die Wirkung erster Art in Aktion, d. h., ~~der Zustand~~ das Problem wird als *adiab*. Störung behandelt, und der Zustand des Atoms bleibt derselbe.

II. Wenn die Elektronen sich schnell bewegen, treten Wirkungen zweiter Art auf. [D. h. Schwingen des Elektrons und des Atoms [des ganzen Systems] in einen anderen Quantenzustand.] ⟨*page*⟩ In diesem Fall ist die Übergangswahrscheinlichkeit übrigens zeitabhängig. Dasselbe muss auch schon der Fall sein beim Hin- und Herfluten der Energie zwischen Strahlungsfeld und Atom in einem Hohlraum.

---

[36] ▷Beim allmagnetischen Feld ja. Auch bei Andersheit von Ladungen ?

Bei ⟨der⟩ Auffassung der Quantentheorie nach 112 handelt es sich immer um ausgeartete Systeme, und das ist wesentlich.

121. Tritt die Schwierigkeit der Richtungsquantelung überhaupt bei abgeschlossenen Systemen auf? Angenommen, ein Atom bewegt sich in einem inhomogenen elektrischen (Magnet-) Feld. Falls es sich genug langsam bewegt, kann man durch unendlich kleine Änderungen der Bahn Entartungen vermeiden, und daher ist die Richtungsquantelung in jedem Punkt eindeutig bestimmt. Ebenso ⟨+ ebenso⟩ auch bei zeitabhängigen (unendlich langsamen) *Ham.*-Funktionen. Nur hängt der Quantenzustand nach der Änderung (z. B. vom elektrischen ins magnetische Feld) in unstetiger Weise vom Weg, auf dem die Änderung erfolgt, ab. (Daher in *praxi* nur Wahrscheinlichkeitsgesetz.)

122. Die Ungültigkeit des *Adiab.* Prinzips bei schnellen Änderungen [vielleicht auch die Unmöglichkeit der Formulierung von Quantenbedingungen in vielen Fällen, z. B. beim Mehrkörper- ⟨*page*⟩ Problem] hängt vielleicht mit einer falschen Formulierung jener Anteile der Kraft, welche die stetige Änderung des Systems bedingt, ab ⟨*sic*⟩. Bei richtiger Formulierung würde das adiabatische Prinzip vielleicht allgemeine Gültigkeit haben. Dies ist der Leitgedanke zur Auffindung der richtigen Kraftgesetze 1. Anteils.

123. Sind nicht die ~~Kraftwirkungen erster Art von denen zweiter Art dadurch ausgezeichnet~~ Veränderungen erster Art (stetige) von denen zweiter Art dadurch unterschieden, dass sie prinzipiell nicht feststellbar sind, weil sie bloß die Phase der Bewegung betreffen? Andererseits bei *Streckensp.* doch feststellbar, z. B. Ort eines geradlinig bewegten Elektrons. Doch wird durch die Unbestimmtheitsrelation hier wiederum Feststellbarkeit unmöglich, sobald wirklich geradlinige gleichförmige Bewegung. D. h. die Änderungen erster Art des Systems entsprechen keiner beobachtbaren Veränderung??

124. Vielleicht Unmöglichkeit der Auffassung, dass nur die *stat.* Zustände das Objektive sind*, (jedes Ding ⟨ist⟩ in jedem Moment objektiv in einem bestimmten statistischen Zustand) und die übrigen ⟨*page*⟩ Zustände zu deuten sind unserem Wissen angehörend.

Wenn ein freies Elektron in mehreren Zuständen gleich ist, hängt die Wahrscheinlichkeit mancher Beobachtungsergebnisse (z. B. Ortsmessung) auch von der Phasendifferenz der statistischen Zustände ab.

* Man muss sagen, *Stat.* Zustand + Phase ist das Objektive. Aber die Phase ist nicht zugleich mit dem Zustand beobachtbar, sondern nur, wenn eine große Unsicherheit bezüglich des Zustands besteht, kann einige Sicherheit bezüglich der Phase bestehen, und umgekehrt. D. h. Zustand und Phase und damit die Änderungen erster und zweiter Art sind *komplementär*, Phasenänderung kausal, Zustandsänderung statistisch. Kenntnis der Phase entspricht vielleicht Kenntnis des Ortes. ⟨*page*⟩

125. Eine Schwierigkeit bei dieser Auffassung der Quantenmechanik ist, dass sie nur anwendbar ist, wenn für das System eine große Anzahl gleicher Zustände existiert (Entartung). Z. B. wäre im Hohlraum kein Quantensprung möglich, weil das entsprechende Lichtquant vom Hohlraum nicht aufgenommen

werden könnte. ~~Auflösung ist vielleicht die, dass ⟨die⟩ Frequenz eines Lichtquants nicht zu seinem Zustand gehört.~~ Auflösung? Hängt irgendwie mit der Begründung der Frequenzbedingung zusammen. Welche Rolle spielt diese überhaupt bei dieser Auffassung?

126. Ist die Bohrsche Unschärfe der Energieniveaus (wegen Verweilzeiten) ein Spezialfall der Unbestimmtheitsrelation? Das ist jedenfalls nur bei Beobachtung der Strahlungskopplung denkbar. Denn sonst kann ja die Unschärfe nur bestehen in einer Unwissenheit, <u>in welchem</u> Zustand sich das Atom befindet. Hat das gekoppelte System überhaupt ein Punktzentrum? Jedenfalls kann die Unbestimmtheitsrelation *Energie* Zeit nur bestehen, wenn irgendeine Koordinate ganz scharf bestimmt ist. ⟨page⟩

247. Die Zerspaltung der Welt in Teilchen ist nicht zurückführbar auf etwas Primitiveres, sondern spiegelt die Grundstruktur der Welt wider [*Individuen, Monaden*]. Frage: Ist auch die Quanten⟨? mechanische⟩ Energiezerspaltung ein Teil dieser Erscheinung? Vielleicht äquivalent mit Existenz der Lichtquanten?

248. Wenn die Quantenmechanik wirklich *posit.* bleiben soll, ist das Minimum an „Objektivität", das zu erfüllen ist, jedenfalls die Existenz von Transformationsgruppen, welche die verschiedenen „Gesichtspunkte" der verschiedenen Monaden ineinander transformieren [Intersubjektivierbarkeit der Physik]. Hier tritt ein transfinites Moment ein, da die Abbildungsfunktion der Monaden selbst wieder abgebildet werden muss. Unterschied gegen ⟨über⟩ alter Vorstellung: Es existiert kein „objektives" Weltbild, sondern nur eine unendliche Menge subjektiver, die gesetzmäßig miteinander verbunden sind. [Insbesondere ist die Teilung der Welt in „von mir bewirkt bzw. bewirkbar" und „von mir unabhängig", ⟨page⟩ d. h. Teilung in „Freiheit" und „Naturgesetzlichkeit", in jedem verschieden.] Dies stimmt damit überein, dass das [allen Individuen gemeinsame] „Ding-an-sich" äußerst eigenschaftsarm ist [schon durch mechanische Struktur der Welt ohne Anfangsbedingungen gegeben], und so alle möglichen „Welten" zur Existenz zulässt, und die Frage, welche „Welt" [in scharfem Sinn] nun wirklich ist, nur subjektiv bestimmt ist.[37]

249. Äußerst merkwürdig ist, ⟨dass⟩ durch die klassische *Ham.*-Funktion [d. h. Grenzfall des Verhaltens für hohe Quantenzahl] das quantenmechanische Verhalten des Systems bereits bestimmt ist. Dadurch entsteht der Eindruck, dass das abweichende Verhalten in das [an sich klassische] System durch einen neuen Umstand, z. B. Beobachtung, hereingebracht wird. Vielleicht = Übergang zur nächsten Wirklichkeitsstufe. ⟨page⟩

127. Wie steht es mit der Bohr'schen Behauptung, dass bei Systemen, die nur näherungsweise periodisch sind, deswegen eine Unschärfe der Energie auftritt?

---

[37] ▷Der Zustand eines Teilchens wäre dann dadurch beschrieben, dass man angibt, wie ihm die Welt erscheint. [Es gibt keine Realität, sondern nur die Bilder sind da, gesetzmäßig miteinander gekoppelt.] D. h. das „Ding" lässt noch eine Unmenge von Bildern offen, nur der Zusammenhang zwischen ihnen ⟨ist⟩ bestimmt.

126a Ungenauigkeit für Zeitpunkt des Eintreffens der Frequenz
$\Delta t \qquad v\Delta t$ Schwingungen $= a$
$v = \frac{a}{\Delta t}$
$\Delta v = \frac{1}{\Delta t} = \frac{\Delta E}{h}$ $\boxed{\Delta E \Delta t = h}$

127. *Photoeffekt* an freien Elektonen widerspricht dem Impulssatz!
128. Analogie zwischen *Compton-* und *Raman*-Effekt: Die Wellenlängenänderung hängt in beiden Fällen mit den Eigenschwingungen des streuenden Systems zusammen. Doch wären beim *Co.*-Effekt die Energiestufen stetig. Wieso ergibt sich trotzdem eine bestimmte Wellenlängenänderung (bei gegebener Richtung), die quantentheoretisch (durch h) bestimmt ist? Das liegt offenbar am Impulssatz. ⟨*page*⟩
129. Kerne kann man anregen. Kann man auch Elektronen und *Protonen* anregen? Vielleicht kann man die verschiedenen Kerne als Anregungszustände desselben Systems auffassen?
130. Wodurch ist (analytisch mechanisch) der Translationszustand eines Systems vor den anderen Zuständen (verschiedene Anregungen, *etc.*) ausgezeichnet? Offenbar ist der Translationszustand ein „äußerer" Zustand [nur mit Rücksicht auf die anderen Atome definiert], hingegen die Anregungszustände „innere" Zustände, analog den inneren und Einbettungseigenschaften der Räume.
131. Durch Lichtquanten-*Hyp.* sind gewisse Energiebeträge verknüpft mit gewissen Längen (bzw. Zeiten), genauer mit reziproken Längen bzw. Zeiten.
132. Die Grundfrage für die allgemeine Quantenmechanik lautet: „Was ist das Wesen des Impulses und der Koordinaten?" Die für die spezielle lautet: „Was ist das Wesen der Ladung der Energie und Masse und des elektrischen und magnetischen Feldes?" Wobei die Bestimmung des Wesens darin besteht, dass man ein allgemeines Schema ⟨? angibt⟩, ⟨*page*⟩ das eine geringere Komplexität hat als die zu erklärende Wesenheit, und durch welches die Mannigfaltigkeit der Erscheinungen auf unsere verschiedenen Verhältnisse zu den Dingen zurückgeführt wird.

Ladung = Masse, elektrisches Feld = Gravitationsfeld,
$\qquad$ Materie $\qquad\qquad$ Feld

Impuls = Koordinate. Es bleibt noch zu klären:
Ladung(Masse) : Feld & Feld(Ladung, Masse) : Impuls(Koordinate)
~~Ladung(Masse) = Impuls der speziellen Theorie~~

	Materie	Feld
Koordinate	x_i	$\mathfrak{h}$
Impuls	$\mathfrak{v}_i$	$\mathfrak{E}$

Außerdem Aufteilung in Raum | Zeit, vielleicht –Raum, Zeit, Ladung–

133. Es gibt zwei unbekannte Aufspaltungen in der Welt:
   1.) Aufspaltung in Ladung und Masse,
   2.) Aufspaltung in Koordinate und Impuls.

Die letztere hängt bestimmt zusammen mit der Art unseres Wirkungszusammenhangs mit der Welt. Vielleicht hängen auch 1 und 2 zusammen oder sind identisch. ⟨page⟩

134. *Szillard* ⟨*sic*⟩ *Z.P.53.*[38] Konstruktion des Messungsmodells noch korrekt, aber Grund, weswegen Entropiezunahme bei Messung, scheint falsch.

135. Bei einem anderen Modell zur Entropieverminderung [nämlich ⟨?⟩ der Schranke, und bei dem die Kopplung von der momentanen Geschwindigkeitsrichtung abhängt] muss die Entropievermehrung eine andere Ursache haben als Analogie zur Spurbildung (Erinnerung).

136. Bei ⟨der⟩ Konstruktion eines *Perp. mob.* zweiter Art scheint es auch erlaubt zu sein, Teile hinzuzunehmen, welche nach thermodynamisch interpretiertem (nicht statistischem) Entropiesatz funktionieren, da man sich diese auch ⟨aus⟩ extrem kleinen Molekülen zusammengesetzt denken kann.

137. ⟨Die⟩ Zeitrichtung ⟨ist⟩ auf zwei Arten zu charakterisieren:
 1.) Entropievermehrung,
 2.) Vorhandensein von Spuren nur in der Vergangenheit ⟨*page*⟩ oder Vorhanden ⟨sein⟩ einer Erinnerung in die Vergangenheit,[39]
 3.) Möglichkeit der Einwirkung nur in die Zukunft.[40]
 Wie verhalten sich diese drei Möglichkeiten zueinander?

138. Die *Boltzmannsche* Voraussetzung *A* ist präzise vielleicht so zu formulieren, dass der Anfangszustand ein solcher *minimaler* Entropie war. D. h. vielleicht: Alle Masse in einem Punkt konzentriert und dann Expandieren. Konkretes Problem: Aufsuchung des Zustands minimaler Entropie. ⟨page⟩

139. Der *Edd. Lemaître*sche Versuch, festzustellen, ob die Welt vom Einstein'schen Zustand sich ausdehnt oder sich zusammenziehen wird, scheint müßig wegen *Reversibil.* der Elementarvorgänge. Je nach dem, wie die Abweichungen vom Idealfall sind, wird Ausdehnung oder Zusammenziehung eintreten. Es müsste dann sein, dass schon die Abweichung durch molekulare Struktur eine eindeutige Richtung ergibt.

140. Es ist zweifellos möglich, die Grenze zwischen Beobachter und Welt so zu ziehen, dass der Verstand nicht mehr zum Beobachter gehört. Das bedeutet: Man entschließt sich entsprechend dem Bild der Welt, welches aus unserem Verstand ⟨? zeugt/zweigt⟩ [nicht nach dem wirklichen]. Selbstverständlich können auch Lust- und Unlustgefühle als nicht zum Beobachter gehörend vorgestellt werden. ⟨page⟩

---

[38] Szilar, L. (1929) Über die Entropieverminderung in einem thermodynamischen System bei Eingriffen intelligenter Wesen. *Zeitschrift für Physik* **53**: 840–856.
[39] ▷D. h. Feststellung der Vergangenheit erfolgt auf einem prinzipiell anderen Weg als Feststellung der Zukunft.
[40] ▷D. h., die Vergangenheit ist unbedingt bekannt, die Zukunft bedingt.

137a Spur = Teilsystem, das sich in einem vorübergehenden Gleichgewichtszustand befindet, der davon abhängt, in welchem Zustand gewisse andere Systeme in dem Zeitpunkt waren, als der Gleichgewichtszustand erreicht wurde. = Wenn die Freiheitsgrade der Welt $\varphi_1 \ldots \varphi_n\ p_1 \ldots p_n$ sind, so zerfallen sie in Gruppen $Q_1 Q_2 \ldots P_1 P_2$, die nur schwach ⟨ge⟩koppelt sind, während in dem der Gruppe stark ⟨ge⟩koppelt ist.* Was muss man zur Existenz einer Entropie, die zunimmt, hinzufügen, um Spuren zu erhalten?

1. Der Zustand*max*.Entropie ist ein Gleichgewichtszustand. [Dies scheint insofern richtig zu sein, dass es zu jedem System ein unendliches benachbartes gibt, in dem es gilt.]
2. Zerfall der Welt in Teile, die vorübergehend Gleichgewichtszustände erreichen. [Beispiele: Fußtritt im Sand, geologische Schicht, schriftliche Aufzeichnungen, Ausgrabungen von Städten, Gräber, Prähistorische Tiere und Werkzeuge, Erinnerungsvermögen, Kriminalistisches (Fingerabdrücke, Projektil im Körper des Ermordeten)] ⟨*page*⟩

Gleichgewicht = Konstanz der Macro-Parameter. Jedes Gleichgewicht wird nur durch Entropiezunahme erreicht.

---

* Nur zeitweise tritt auch eine starke Kopplung zwischen den verschiedenen Systemen ein. Diese bewirken dann, dass der Gleichgewichtszustand der einzelnen Systeme sich verschiebt [wobei Entropievermehrung das Eintreten eines solchen Gleichgewichts garantiert]. Verschobenes Gleichgewicht = Spur. ↓

D. h. es wird die durch Wechselwirkung erzeugte Bewegung abgebremst.

Das Zerfallen in schwach gekoppelte Teilsysteme ⟨ist⟩ allgemeine Charakterstik, welche zur Möglichkeit einer Orientierung unbedingt erforderlich ⟨ist⟩. Entropiesatz + Forderung 1 garantieren die Tatsache, dass jedes sich selbst überlassene System schließlich einen Gleichgewichtszustand erreicht. Dies ist die eigentliche, anschauliche Bedeutung des Entropiesatzes. Indessen scheinen, wenn *max.* und *min.* vertauscht werden (oder das Vorzeichen der Entropie umgekehrt) Zukunft und Vergangenheit sich zu vertauschen, sodass keine *Assym.* der Zeit herauskommt. Durch die Existenz einer Größe, die einem Maximum zustrebt, ist ⟨die⟩ Zeitrichtung noch nicht ⟨*page*⟩ ausgezeichnet, erst durch die *spez.* Eigenschaften von S.

a.) Jedes System hat eindeutig einen Zustand mit *max.* S. [Oder zumindest: Zu jedem System gibt es unendliche Benachbarte mit dieser Eigenschaft.] Nicht aber zu *min.* S.

b.) *Entropie* = *a priori* Wahrscheinlichkeit.

Bei Spur kommt *Assym.* der Zeitrichtung dadurch hinein, dass man⁴¹ weiß, in welchem Zustand sich das Spur enthaltende Teilsystem unmittelbar vor der Spur erzeugenden Einwirkung befindet. Nicht aber, in welchem es sich nachher befindet.

141. Zusammenhang zwischen physikalischem Zustand und Eigenbewegung der Gestirne??
142. Brechung in Materie (des Lichtes) ⟨? dürfte⟩ auch einen Beweis für die Unmöglichkeit einer raumzeitlichen Lichtquantentheorie liefern. ⟨page⟩
143. Eine spezielle Kraft zwischen Elektron und Atom, nämlich Undurchdringlichkeit, wird durch das *Pauli*-Prinzip dargestellt. Was wäre die analoge Darstellung für andere Kräfte? Oder umgekehrt: Wie wäre *Pauliprinc.* durch eine Abstoßungskraft darstellbar?
144. Welches ist die allgemeine Form (Rahmen) der physikalischen Theorie, welche nach ⟨der⟩ Quantenmechanik zu erwarten ist? (Insbesondere Einordnung des freien Willens.)
145. Unterschied zwischen *Macro-* und *Micro-*Kraft, Koppelung.
146. *Eddington Exp. U. p.89.*⁴² Unterschied zwischen *stab.* und expandierendem Universum ist ganz unstetig und entspricht dem Unterschied zwischen *period.* und *aperiod.* Bewegungen.
147. Werden auch molekulare Strahlen gebeugt? (*Hb. 22/2*)⁴³ ⟨page⟩
148. Nach *Edd.* auch Masse durch *Diff. Op.* y
    Exp. U. p.117, $m \ldots i \frac{d}{ds}$
149. *Edd., Exp. U. p.121*

1. Wellengleichung eines Teilchens hat zwei Scharen von Lösungen: *Elektr., Prot.*
2. Wellengleichung zweier Teilchen hat zwei Scharen von Lösungen: *Neutron, H-Atom*
3. Wellengleichung mehrerer Teilchen hat mehrere Scharen von Lösungen, die jede durch die Kernladungszahl charakterisiert ist [Eigenzusatz].

150. Ist die Reichweite nicht davon abhängig, wie die α-Teilchen nachgewiesen werden?

---

⁴¹ ▷*a priori*
⁴² Eddington, A. S. (1933) *The Expanding Universe*. Cambridge, UK: Cambridge University Press. Dieselbe Arbeit wird in Bemerkung 148 und 149 zitiert.
⁴³ Bezieht sich auf einen Artikel in: Geiger und Scheel (Hrsg.) *Handbuch der Physik – Bd. 22/2 Negative und positive Strahlen.* 1933, Berlin: Springer.

151. Zur Brechungstheorie der Lichtquanten: Brechung entspricht genau dem Überschreiten einer *Pot.*-Schwelle. Man hat also anzunehmen, dass im Inneren des Körpers die Kraft auf die Lichtquanten verschwindet, nur an der Oberfläche $\neq 0$. Wie ist es aber möglich, dass die Geschwindigkeit sich dabei ändert?? Wenn in Analogie zu Teilchen behandelt? ⟨*page*⟩
152. Kann bei Totalreflexion Licht im angrenzenden Medium wirklich nachgewiesen werden?
153. 1. *Kernspin* und *magn. Kernmoment, Hb. 24, 1*[44]
    2. Wie steht es mit der exakten Energiegleichheit von verschiedenen Kernen von β-Strahlen?

154. Kann man *exp.* zwischen *donkey elektr.* und *Positr.* unterscheiden?
155. *Heisenberg, Z.P. 43*[45], deutet *Elektronenrad.* als absolute Unbestimmtheit des Elektronenortes.
156. *Hei., Z.P. 43, 178*. Energie eines Atoms nicht genau bestimmbar zu einer bestimmten Zeit. (Ist falsch.)
157. *Hei., Z.P. 43*. Analogie zwischen Quantenmechanik und Relativitätstheorie

A.	B.
$pq - qp = \frac{h}{2\pi i}$	Prinzip der Konstanz der Lichtgeschwindigkeit
p, q sind gleichzeitig nur bis auf Genauigkeit h definierbar.	Gleichzeitigkeit ist nur bis auf Lichtgeschwindigkeit genau definierbar.

⟨*page*⟩
Für beide: 1. ist eine scheinbar paradoxe Beziehung, in die Begriffe eingehen (nämlich: A. Koordinate, Impuls; B. Gleichzeitigkeit), für welche 2. gilt, d. h., man sieht bei Analyse, dass sie (entgegen der Erwartung) experimentell mit einer gewissen Unbestimmtheit behaftet sind. Eben dadurch wird die paradoxe Beziehung 1. möglich. Sie ermöglicht das Bestehen der Beziehung 1., ohne dass der physikalische Sinn der eingehenden Begriffe [Ort, Impuls, Gleichzeitigkeit] geändert werden müsste.

158. In Wahrheit (an sich) sind die Werte der physikalischen Größen nicht Zahlen, sondern Matrizen? Doch unterscheiden sie sich vielleicht nur um ⟨die⟩ Größe der Ordnung h von Zahlen [woraus die Fruchtbarkeit der klassischen Theorie sich erklärt]? Jedoch entspricht einer bestimmten Matrix nicht eine bestimmte

---

[44] Bezieht sich auf einen Artikel in: Geiger und Scheel (Hrsg.) *Handbuch der Physik – Bd. 24/1 Quantentheorie*. 1933, Berlin: Springer.
[45] Heisenberg, W. (1927) Über den anschaulichen Inhalt der quantentheoretischen Kinematik und Mechanik. *Zeitschrift für Physik* **43**(3-4): 172–198. In dieser Arbeit wurde die Unbestimmtheitsrelation eingeführt.

Zahl, sondern viele verschiedene, je nach dem Verhältnis des Beobachters zum System. Doch ist durch dieses Verhältnis die Zuordnung von Zahlen simultan für alle Matrizen bestimmt. [Es sind nicht beliebige einzelne mögliche ⟨page⟩ Zuordnungen auch simultan möglich.]⊗ Bei jeder solchen Zuordnung aber gilt, dass die zugeordneten Zahlen nur bis auf die Größe der Ordnung h bestimmt sind, und bis auf die Größe derselben Ordnung werden die funktionalen Relationen zwischen den Matrizen (*Add., Mult., etc.*)• aufrechterhalten.

Müsste man unter diesen Verhältnissen nicht auch der Zeit eine Matrix zuordnen (Zeitmatrix)?

⊗ Ebenso besteht eine Korrelation zwischen der Zuordnung zur Zeit $t = 0$ und zu späteren Zeiten.

• Sogar *Diff.* nach einem Parameter.

159. Die beiden verschiedenen Arten der Änderung der Wellenfunktion scheinen zu entsprechen:
   1. Durch unsere Tätigkeit (Experiment) bewirkt,
   2. automatisch (von selbst) im System verlaufend.

In Wirklichkeit ⟨wird⟩ aber wahrscheinlich auch 2. durch unsere Tätigkeit bewirkt, aber nicht durch bewusste ⌊in einzelnen Akten erfolgende⌋, sondern die ständige, welche allein durch die Tatsache unserer Existenz gegeben ist.

Zeitablauf = die von uns selbst bewirkte ständige Änderung der Welt oder unseres ⟨page⟩ Bildes von der Welt, aber bewirkt durch unsere unbewusste Tätigkeit.

Analog: Wenn jedes Gesetz nach Analogie der Bewegung des Spiegelbilds aufgefasst wird, so sind die scheinbar ohne unser Zutun eintretenden Veränderungen aufzufassen als Spiegelbild desjenigen Teils unserer Tätigkeit, welcher sich unbewusst und stetig fortlaufend abspielt. Der größte Teil des Lebensprozesses scheint unbewusst und zwangsläufig abzulaufen. [So auch der Ablauf der Zeit.] Könnte man auch diesen Teil der Prozesse der bewussten Herrschaft unterstellen [*Fakirismus*], so wäre es vielleicht möglich, den Ablauf der Zeit zu verändern [und damit die Naturgesetze].

160. *Hei., Z.P. 43, 181.*[46] Der Zustandsvektor symbolisiert angeblich ⟨die⟩ Art unseres Experiments. Nein, er symbolisiert ~~höchstens~~ unser Verhältnis zum System, also höchstens Art + Ausfall des Experiments. [Aber nur im Fall, ⟨in dem⟩ die Matrix der gemessenen Größe nicht ausgeartet ist.] Sondern ⟨der⟩ Vektor selbst ⟨ist⟩ durch Art und Ausfall des Experiments noch nicht bestimmt. ⟨page⟩

---

[46] Siehe Fußnote 45

161. *Mikro- und Makroparameter* in Gas und Strahlungsfeld

	Gas	Strahlung
Mi	Geschwindigkeit und Ort jedes einzelnen Moleküls = [Angabe einer Menge von N Vektoren mit Anfangspunkt]	$\mathfrak{E}$ und $\mathfrak{h}$ als Funktion des Ortes = [komplexe *Fourierkoeff.* (d.h. *Intens.* + Phase) der Eigenschwingungen des betrachteten Hohlraums]
Ma	Verteilungsfunktion der Molekülzahl auf die Zellen des Phasenraums	Verteilungsfunktion der Strahlungs-*Int.* auf Ort, Richtung und Wellenlänge

Ma. Strahl. impliziert eine lokale *Fourieranalyse.* Um diese durchführen zu können [mit einer bestimmten Genauigkeit], muss offenbar die räumliche Zelle eine bestimmte Mindestgröße haben.
Ma. Gas: In der Macrotheorie werden nur Dichte und *Temp.* ⌊und Geschwindigkeit⌋ als Funktion des Ortes betrachtet. Damit kann aber schon das Phänomen zweier sich durchdringender molekularer Strahlen nicht beschrieben werden. Daher müsste man abändern in Dichte und *Temp.* als Funktion ⟨*page*⟩ von Ort und Geschwindigkeit. [Doch ist die Zerlegung dann nicht eindeutig bestimmt.] Bei Strahlung ist die Temperatur bestimmt durch Geschwindigkeit und Dichte [bei bestimmten Öffnungswinkeln und Geschwindigkeitsvariationen]. Bei einem Gas nicht [d.h., Dichte ist in der Zustandsgleiche durch Temperatur noch nicht bestimmt], sondern Temperatur durch <u>relative</u> Dichteverteilung über den ganzen Geschwindigkeitsbereich. Bei Strahlungsfeld: Ganze Geschwindigkeit = Temperaturgeschwindigkeit. Bei Gas: Die Geschwindigkeit wird zerlegt in einen Teil *Makrogeschw.* und einen Teil Temperaturgeschwindigkeit. <u>Ergibt sich dadurch nicht eine Unbestimmtheit, wie die Zerlegung vorgenommen wird?</u>

162. Kann man jeder Größe (Funktion von $q_i p_i$) eine bestimmte kanonisch Konjugierte zuordnen? ~~Nein.~~

163.) Was ist die *Geometrie* der kanonischen Transformationen? D.h., was ist kein vollständiges System von invarianten ⟨? $\mathfrak{nh}$⟩ *Transf.* ⟨*page*⟩ Die Quantenmechanik ergibt einen mathematisch höchst merkwürdigen Zusammenhang zwischen Berührungstransformationen und unitären Transformationen.

164. Die Tatsache, dass wir die Ereignisse der objektiven Welt in der durch die *pos.* Zeitrichtung gegebenen Reihenfolge erleben, geht über das durch das physikalische Weltbild Gegebene hinaus. D.h., die physikalische Theorie könnte gleich bleiben, wenn wir etwa die Ereignisse in verkehrter Richtung erleben würden, oder die Zeit still stände. Es würde keinem physikalischen Gesetz widersprechen, wenn es uns gelänge, die Zeit zum Stehen zu bringen oder nach rückwärts ablaufen zu lassen. Denn die physikalischen Gesetze sagen ja nur Koinzidenz aus. [Wenn der Uhrzeiger an jener Stelle steht, geschieht das und das.] Dass wir gezwungen sind, auf einem so genau vorgezeichneten Weg durch das Universum zu reisen, ist etwas, was mit unserer Unfähigkeit, das Wetter zu beeinflussen, zu vergleichen ist. Der Einsteinsche Rundflug mit 20000 Jahren

Verschiebung ist bereits ein Freimachen von der eng vorgezeichneten Bahn. Doch ermöglicht dies nur eine Reise ⟨page⟩ in die Zukunft und keine zurück. Die Striktheit des vorgezeichneten Weges (welche der Schrödinger Gleichung entspricht) wird gemildert durch zwei Umstände:
1.) Möglichkeit der Eingriffs (durch zweite Art der Änderung der Wellenfunktion gegeben).
2.) Einsteins Reise in die Zukunft. (Wie drückt sich das wellenmechanisch aus?)
3.) Würde nicht einer Überlichtgeschwindigkeit eine Reise in die Vergangenheit entsprechen? Eine Reise in die Vergangenheit ist deswegen nicht möglich, weil man sie dann ändern könnte, und weil man sich selbst in der Vergangenheit antreffen müsste und Ereignisse stiften könnte, an die man sich erinnern müsste und doch nicht erinnert.

Resultat: Unser Weg durch die Welt ist beschränkt durch unsere Wirkungsmöglichkeiten auf die Welt, nämlich durch die Tatsache, dass es immer einen Bereich von Ereignissen [Vergangenheit] gibt, auf den wir in keiner Weise und prinzipiell nicht mehr einwirken können. Wahrscheinlich ist aber die ganze *Konception* einer objektiven Welt, ⟨page⟩ die wir beeinflussen, falsch und muss ersetzt werden durch eine Konzeption, wie die Welt durch unsere Tätigkeit erschaffen wird. Vergangenheit = das Erschaffene. Zukunft = das zu Erschaffende.
Formality of happening gehört nicht dem Ereignis zu, sondern unserem Verhältnis zu ihm.[47]

165. Die Bahn entsteht erst dadurch, dass wir sie beobachten. *Hei. Z.P. 43*[48]
166. Wenn man mit den Elementarteilchen immer nur so experimentieren würde, dass man sowohl Ort als Impuls mit mittlerer Genauigkeit feststellt, würde$^\otimes$ vielleicht (innerhalb der Genauigkeit h) kein Widerspruch gegen die klassische Physik eintreten.
[$^\otimes$ und auch nur simultane Aussonderungen für Impuls und Ort]
Im Gegensatz dazu ist z. B. schon *spektroskop*. Beobachtung oder genaue Spannungsbestimmung einer *Kathoden*strahlröhre eine *extr. Impuls*-Aussonderung. ⟨page⟩
167. Wie steht es mit der korrespondenzmäßigen Behandlung anderer Übergänge als *spont*. Strahlungsübergänge? Z. B.: Stoß durch Elektronen, Stoß zwischen Atomen, *Abs.* von Lichtquanten, Streuung von Licht. Insbesondere: Spielen dabei auch die *Fourrierkoeff.* eine Rolle?
168. Aus dem Satz, dass im thermodynamischen Gleichgewicht alle Arten von Prozessen sich einzeln mit den Inversen kompensieren, folgt, dass durch Kopplung eines Systems mit einem anderen (Beimischung eines Gases) die Gleichge-

---

[47] ▷= *Formality of experiencing*
[48] Siehe Fußnote 45.

wichtsverhältnisse im ersten nicht gestört werden. Erst daraus folgt die Einsteinsche Ableitung des Impulses der einzelnen Lichtquanten.

Wie verhält sich die obige Regel zur „*statistischen*" Berechnung des Gleichgewichts (ohne Berücksichtigung der Wechselwirkungen) nach „größter Wahrscheinlichkeit"?? ⟨*page*⟩

169. ⟨? Korrekte⟩ Betrachtung zum *Compton-Effekt:* Wellenlängenänderung = Dopplereffekt durch Bewegung des Elektrons mit Geschwindigkeit w. [Wobei Geschwindigkeit w = Geschwindigkeit des Schwerpunkts des Systems Lichtquant + Elektron.] Lässt man eine Strahlung der Frequenz v und beliebiger *Int.* und berechnet die Geschwindigkeit des Elektrons nach einer Zeit, in der die Energiemenge hv gestreut worden ist, so ergibt sich ungefähr w. Klassisch müssen aber alle Werte der Geschwindigkeit vorkommen, und daher ein kontinuierlicher *Co.*-Effekt entstehen. Quantenmechanisch erfolgt die Geschwindigkeitsvergrößerung der Elektronen durch Strahlungsdruck ruckweise, und daher diskontinuierliches Spektrum. *Intens.* und *Pol.* kann klassisch berechnet werden.

170. Beziehung zwischen Quantenbedingungen und Interferenz:
    1. *De Broglie* erklärt Quantenbedingungen durch Interferenz der Materiewelle.
    2. Vielleicht umgekehrt möglich, Interferenzerscheinungen aus Quantenbedingungen für Lichtquanten zu erklären. ⟨*page*⟩

180. Der Einwand der Existenz statistischer Felder gegen wörtlich genommene Lichtquanten ist nicht berechtigt wegen ⟨der⟩ Möglichkeit, das elektromagnetische Feld in Strahlungsfeld und Kraftfeld zu zerlegen.

181. Wie sieht das raumzeitliche Beobachtungsmaterial der Quantenmechanik aus, wenn man es der Theorie möglichst angleicht? Vielleicht Übergangsprozesse zwischen *stat.* Zuständen?

182. *Elemente:*
    $Ma = Masurium, Tu = Thulium,$
    $Tb = Terbium, Cp = Cassiopeium$

183. Nach *Langmir* ⟨*sic*⟩ werden die Moleküle, welche auf eine feste Oberfläche auftreffen, nach einer gewissen Verweilzeit reflektiert. (Analogie zu Resonanzfluoreszenz!)

184. In gewissen Fällen [nämlich in denen, wo Licht und Materie entweder *decidiert* als Welle oder dezidiert als Korpuskel erscheinen] ⟨*page*⟩ beschreibt die klassische Physik die Erscheinungen richtig. In den Fällen, wo das nicht der Fall ist [Zwischenfälle], gilt Folgendes: Sobald man genauere Resultate wünscht, als sie durch die klassische Theorie geliefert werden [sie haben einen Fehler der Größenordnung h], kann man dies nicht durch ein neues raumzeitliches Bild erreichen. D.h., die Quantenmechanik ergibt raumzeitliche Bilder nur mit eben der Näherung, mit der sie mit der klassischen Physik identisch ist. Fragen nach der präzisen Form der Quantenphysik (im Gegensatz zur klassischen), die im Rahmen der üblichen Raumzeitbilder gestellt sind, können nicht beantwortet werden, denn alles, was an der Quantenphysik als koexistente Raumzeittheorie dargestellt werden kann, ist in der klassischen Physik

enthalten. Die Grenzen der Raumzeitlichkeit der Quantenmechanik sind dieselben wie die Grenzen ihrer Übereinstimmung mit der klassischen Physik. Die Quantenphysik ist genau so weit raumzeitlich, als sie mit der klassischen Physik übereinstimmt. ⟨*page*⟩ Die klassische Physik ist die raumzeitliche Projektion der Quantenphysik, und zwar die Wellenphysik eine andere Projektion als die Teilchenphysik.

185. Vielleicht ist das Urbild der *Komplem.* das Verhältnis zwischen *Kaus.* und freiem Willen und zwischen Objekt und Subjekt.
186. Individualisierung und Raumzeitbeschreibung scheinen *komplem.* zu sein. Bei Beschreibung durch klassische Wellen hat man richtige Raumzeitbeschreibung, aber keine Individualisierung, bei Beschreibung durch klassische Partikel umgekehrt. Die Welle gibt richtig die Raumzeitverteilung der Elementarprozesse an, sagt aber nichts über die Natur des einzelnen Prozesses. Das Partikelbild gibt die Natur des einzelnen Prozesses richtig wider, aber nicht die raumzeitliche Verteilung. ⟨*page*⟩
187. Zerlegung des Streuungsprozesses in zwei Teile wird plausibel
    1. durch Betrachtung von Frequenz in *Abs.* Linien. [Dann ist es so, und korrespondenzmäßig kein Unterschied zwischen diesen beiden Fällen.]
    2. durch Zerlegung der Wahrscheinlichkeit des Streuungsprozesses in ein Produkt von Wahrscheinlichkeiten, welche die Form einer *Abs.* und einer *Em.* Wahrscheinlichkeit haben.
    3. ? durch verminderte Fortpflanzungsgeschwindigkeit im wachsenden Medium.
188. *Planck, Ann. 50,*[49] verwendet irgendwelche eindeutigen Integrale zur Einteilung des Phasenraums in Zellen der Größe h^f.
189. Statistische Behandlung der Gleichgewichtszustände auf zwei Arten:
    1.) Aufsuchung der Verteilung *max.* Wahrscheinlichkeit,
    2.) Grenzfall der nicht statistischen Fälle $\left(\frac{dH}{dt} = 0\right)$ *Boltzm. Hilb.* Integralgleichungen. ⟨*page*⟩
    Zusammenhang zwischen beiden in klassischer Mechanik ist Ergoden-*Hyp.*, welche aussagt, dass im Falle der Wechselwirkungen ein System sich fast immer in dem durch 1. bestimmten Zustand befindet.
    Zusammenhang in ⟨der⟩ Quantenmechanik sollte gegeben sein durch *v. Neum.* Arbeit, Z.P. 57.[50]
    Vor Aufstellung der Quantenmechanik war in der Quantentheorie nur 1. gangbar und gibt für die Quantenbedingungen eine Einschränkung. Welche Rolle spielt das *Adiab. princ.* in der neuen Quantenmechanik?
190. ⟨Die⟩ *Bohrsche Annahme,* dass die Schärfe der Energieniveaus den Verweilzeiten *prop.* ist, ist das korrespondenzmäßige Analogon zur Unschärfe der Frequenz bei starker Dämpfung.

---

[49] Planck, M. (1916), Die physikalische Struktur des Phasenraumes. *Ann. Phys.* **355**: 385–418.
[50] v. Neumann, J. (1929) Beweis des Ergodensatzes und des H-Theorems in der neuen Mechanik. *Zeitschrift für Physik* **57**(1–2): 30–70.

191. *Bohr* (Nobel-Vortrag)[51] betont, dass die Eigenschaften der Atome unabhängig vom „Anfangszustand" nur durch die Natur des mechanischen ⟨page⟩ Systems gegeben sind. (Entspricht der wellenmechanischen Tatsache, dass die Bewegung bis auf die Phase durch das System eindeutig bestimmt ist.) [⟨Die⟩ Relativitätstheorie scheint aber ebenfalls eine Grenze für die Annäherung an den Kern zu liefern durch Lichtgeschwindigkeit.]
192. Urbild eines *irrev. Processes* in der Quantenmechanik ist der Übergang eines Atoms in einen Zustand kleinerer Energie mit Ausstrahlung verbunden.
193. Durch die Forderung, dass die Quantenzahl 1 sein soll, scheint doch die wirkliche Auswirkungsvariable genauer als bis auf *unimod.* Transformationen bestimmt zu sein.
194. ⟨gestrichen⟩ Zerlegt man ein *Maxw.*-Feld *add.* in zwei *Maxwell* ebenfalls genügende Felder, so scheinen Energie und Impuls sich *addit.* zu verhalten?? [Gesamtenergie!]
195. Gilt nur für harmonische Schwingungen, wo
    1. Frequenzen verschieden oder
    2. aufeinander senkrecht stehen. ⟨page⟩
196. *Schroedinger:* Vergleich des Verhältnisses von Naturgesetz und Kausalität mit der Summenkonvergenz einer Reihe. *Erkenntnis*[52]
197. Vergleich von Unstetigkeiten und statistischer Gesetzmäßigkeit in der Quantenphysik: Um stetig veränderliche Ursachen mit [mit gemessene Grundpostulaten der Quantentheorie allein möglich] unstetigen Wirkungen in Einklang zu bringen.
198. Wir selbst rufen die Tatsachenbestände hervor (oder nötigen sie in ⟨eine⟩ bestimmte Richtung zu einer Klärung), die dann zur Wahrnehmung gelangen. *P. Jordan*[53]
199. Gibt es keine Vorrichtung, um den *Pol.*-Zustand eines Lichtquants zu messen, ohne ihn zu stören? Das scheint ein prinzipieller Unterschied gegen ⟨die⟩ Ortsmessung zu sein, ⟨page⟩ der darin besteht, dass die zu messende Größe [für verschiedene Richtung verschieden ist] und nur zwei Werte annehmen kann.
200. Vor der Messung hat das Elektron noch keinen bestimmten Ort, erst durch die Messung zwingen wir es, einen bestimmten Ort anzunehmen. In dieser Formulierung ist es besonders klar, dass die Wellenfunktion bloß unser Verhältnis zum Elektron ausdrückt, denn sonst müsste man annehmen ?, das Elektron befinde ⟨sic⟩ sich objektiv in einem Zustand, in dem es sich eher für einen als für einen anderen Ort entscheidet? Im anderen Fall heißt es bloß, wir sind in einer solchen Lage zum Elektron, dass es sich eher in der einen als ⟨in der⟩ anderen Richtung (scheinbar) entscheiden wird.

---

[51] Bohr, N. (1922) The Structure of the Atom. Nachdruck in: *Nobel Lectures, Physics, 1922-1941.* Amsterdam: Elsevier (1965) S. 7–44.
[52] Schrödinger, E. (1932) Anmerkungen zum Kausalproblem. *Erkenntnis* **3**(1): 65–70.
[53] Jordan, P. (1934) Quantenphysikalische Bemerkungen zur Biologie und Psychologie. *Erkenntnis* **4**: 215–252. Die Bemerkung bezieht sich auf S. 228.

201. Unbestimmtheitsrelation = Man kann das physikalische Objekt nicht gleichzeitig von allen Seiten ⟨? besehen⟩. *Jordan* ⟨*page*⟩
202. Zusammenhang von quantentheoretischer Unstetigkeit und Unbestimmtheitsrelation besteht darin, dass die Messinstrumente nicht beliebig fein sein können (nämlich nicht feiner als atomare Dimensionen), und daher auch die Störung endlich bleibt.
203. Quantentheorie = *Komplem.* Theorie
204. ⟨Der⟩ Gegensatz zwischen Welle und Korpuskel ist in Wahrheit ein Gegensatz zwischen ⟨der⟩ Ausbreitung der Wirkungsfähigkeit des Partikels über einen relativ kleinen Raum und Ausbreitung nach einer *Sinus*-Schwingung über den ganzen Raum. Daher ist die *Kompl.*: Ort ·· Impuls im Grunde dieselbe wie Korpuskel ·· Welle.
205. *Jordan, p.247,*[54] *Komplexe:* Aufdecken der Komplexe zerstört sie. *Psych.* nicht richtig.
205. Zusammenhang zwischen *Kausalit.* und „Objektivierung" der Sinneswahrnehmungen: Damit ~~ein Teil der~~ aus einem Teil der Welt (eigenem Körper) prinzipiell auf die ganze Welt geschlossen ⟨*page*⟩ werden kann, muss ein gesetzlicher Zusammenhang bestehen. Was bekannt ist, sind die Ereignisse an der Oberfläche des Körpers durch eine endliche Zeit, d. h. um eine Dimension geringer als die Dimension der Welt. In der früheren Theorie zerfällt das naturgesetzlich (d. h. *a priori*) nicht Bestimmte und nur durch die Erfahrung (empirisch) Feststellbare in zwei Teile:
1.) Die Art unserer Einbettung in die Welt (Ort und Zeit unseres Lebens).
2.) Der Anfangszustand der Welt.
In Wirklichkeit dürfte aber nur der Faktor 1.) maßgebend sein. Das wäre auch schon in der alten Physik möglich durch die Annahme, dass alle Anfangszustände irgendwo und irgendwann realisiert sind.

---

206. Unterschied zwischen klassischer Partikelphysik und raumzeitlicher Feldphysik: Im ersten Fall sind die Elementarteilchen die Individuen und ihre raumzeitlichen Eigenschaften die Prädikate. Im zweiten Fall sind die Raumzeitpunkte die Individuen und die Feldgrößen [also gewissermaßen die Anzahl der Individuen für den betreffenden Raumzeitpunkt] ⟨*page*⟩ sind die Prädikate. D. h.

1.) Substanz = Elementarteilchen, *Accidenz* = Raumzeit
2.) Umgekehrt: Übergang von „Ortsbetrachtung" zu „Impulsbetrachtung" = *Laplace*-Transformation

---

[54] Siehe Fußnote 53.

207. Beziehung zwischen Ding-an-sich und Ausfall der Experimente: In der klassischen Physik: Ding bestimmt eindeutig *Exp.* (*pos.* Beschreibung). In der Wellenphysik: Ding bestimmt *Exp.* (*pos.* Beschreibung) nur *stat.*

> Klassisch: *Exp.* bestimmt (im Allgemeinen) Ding nur *stat.*
> Quantenmechanik: *Exp.* bestimmt (im Allgemeinen) Ding nur *stat.*

In der alten Theorie ist das Ding raumzeitlich, daher unmittelbare (eindeutige) Beziehung zu ⟨dem⟩ Experiment. In der Quantenmechanik ⟨ist das⟩ Ding nicht raumzeitlich, sagt daher noch nichts über die uns interessierende Seite des Geschehens (raumzeitlich) aus ⟨und⟩ ist vielmehr mit dieser nur statistisch verknüpft. (Beobachtung und Raumzeitlichkeit hängen zusammen.) ⟨*page*⟩ Raumzeitbeschreibung ist nicht isoliert möglich, sondern nur für den Fall, dass eine Beobachtung gemacht wird [Wechselwirkung mit dem Beobachter].

208. A. Kann jede mehrfach $\lfloor n \rfloor$ *period.* Funktion von t dargestellt werden in der Form $f(P_1(t), P_2(t), \ldots, P_n(t))$, wobei P_i einfach periodische Funktionen sind? Ist das eindeutig?

B. Kann man für jede mehrfach periodische Bewegung solche Koordinaten einführen, in denen die Bewegung eine *Superpos.* von einfach periodischen Bewegungen ist? Geht das simultan für alle Bewegungen eines Systems? Wahrscheinlich nicht, sondern die Transformation hängt von den Parametern (⟨? y⟩) der Bewegung ⟨ab⟩, daher entsteht im Allgemeinen keine Punkt-, sondern eine Berührungstransformation.

209. Stabilität des Planetensystems? Ist das 3-Körper-Problem ergodisch? ⟨*page*⟩

210. Unterschied zwischen absoluter und relativer Auffassung des Raums:
   1. Absolut: Es entsteht eine andere Welt, wenn
      a.) alle Körper sich gleichförmig in eine bestimmte Richtung bewegen,
      b.) alle Körper gleichmäßig größer werden,
      b') Zeit gleichmäßig schneller,
      c.) links und rechts aller Körper vertauscht werden.
   2.) Relativ, d.h.: Der Raum ist kein selbständiges Wesen, sondern nur Beziehung zwischen den Dingen. Dann sind durch a.,b.,c. keine neuen Welten konstruiert.

   D.h., Unterschied zwischen 1. und 2. ist: 1. enthält, dass Weltbildbestandteile prinzipiell nicht *verifizierbar* sind (überflüssige Bestandteile).

211. ⟨Der⟩ richtige Kern der Vorstellung, dass die Zeitrichtung durch die Kausalstruktur zu charakterisieren sei, besteht darin, dass unsere eigenen Kausaleinwirkungen auf die Welt die Zeitrichtung zu charakterisieren gestatten. Was wird daraus, wenn man unseren Körper als Maschine auffasst?? ⟨*page*⟩

212. *Riemann:* Diejenigen physikalischen Mittel, mit denen man die Raumstruktur definiert (starre Körper und Lichtstrahlen) verlieren im unendlich Kleinen ihre Gültigkeit. Vielleicht ist das der Grund des Versagens der Raumvorstellung in der Quantentheorie *(Schroedinger)*.
213. Ist es eigentlich notwendig, dass im physikalischen Weltbild die Welt eine Trägheits- [Massen-] Struktur habe? Wie würde eine Welt aussehen, in der das nicht der Fall wäre? Diese sogenannte Struktur besteht doch in nichts Anderem, als das Naturgesetz für das Vorkommen von *Koincidenzen* besteht! Unterschied zwischen spezieller und allgemeiner Relativitätstheorie und *Newton*scher Theorie ist bloß die Form dieser Naturgesetze. Dagegen besteht der Unterschied zwischen Lorentz und Einstein nicht in den Naturgesetzen über diese *Koinz.*, sondern nur darin, dass in einem Fall überflüssige und nicht feststellbare Bestandteile da sind. Gibt es dafür nicht andere Beispiele? ⟨*page*⟩
214. Das *Mach*sche Relativitätsproblem entsteht nur dadurch, dass man die Massenstruktur der Welt als gegeben ansieht, nicht aber die Trägheitsstruktur. Was ist der Grund, weswegen man das Vorhandensein dieser Massenstruktur nicht als unbefriedigend empfindet, wohl aber das Vorhandensein einer Trägheitsstruktur?
215. Allgemeine Behandlung des Drehimpulses mehrfach periodischer Systeme!
216. Schon in den Empfindungen tritt der eigentümliche Gegensatz zwischen: „dasselbe an verschiedenen Stellen" und „verschieden" hervor. = Unterschied zwischen Lokalzeichen und Qualität. Unterschied zwischen beiden:

   A.) Lust- oder Unlustgefühle hängen nur von der Qualität ab, daher auch relationsweise.
   B.) Bloß durch Lokalzeichen unterschiedene Empfindungen verhalten sich wie gleich zu verschiedenen Zeiten.

   ? Hängt vielleicht irgendwie mit objektiver Verursachung der Empfindungen zusammen? ⟨?⟩ weil ⟨?⟩ die Lokalzeichen nicht Empfindungscharakter [sondern sind schon eine ⟨? Anschauung⟩ zum Objekt].
217. Der Raum verletzt nach Leibniz das *Princ. Id.* und ist daher etwas Ideales. Raum = *Princ. Individuationis*
218. Zusammenhang zwischen *Platonischer* Ideenlehre und Kantscher Lehre von der *Idealität* des Raumes: Wenn die Begriffe das Ding-an-sich sind, so kommt ihnen keine Raumzeitlichkeit zu. Im Gegenteil sind die raumzeitlichen Erscheinungen gewissermaßen ⟨*page*⟩ kaleidoskopartige Aufspaltungen der einzelnen Begriffe in viele Exemplare.
219. *Retard. Pot.* bringt ⟨? eine⟩ Unsymmetrie der Zeitrichtung herein. Besonders krasser Fall der Beeinflussung der Wahrscheinlichkeitserwartungen durch die Zeitrichtung. Beim Entkoppeln zweier Körper ist es sehr unwahrscheinlich, dass eine Temperaturdifferenz besteht, nicht aber beim Koppeln.
220. Gibt schon die Relativitätstheorie eine Auflösung des Wellenparadoxons? (*Weylsche* Behauptung)

221. Ist die *Edd.* Ableitung der Energiequanten durch die Analogie mit Kartenmischung korrekt?
222. ⟨Der⟩ Unterschied zwischen Mikro- und Makrogesetzen liegt in den Zwecken der Untersuchung. Makrogesetze sind für praktische Zwecke angepasst.
223. Entropiesatz ⟨ist⟩ tiefstes physikalisches Gesetz. ⟨Er⟩ überdauert Wandlung von Atom- in Feldphysik und zur Quantenmechanik. Eine ähnliche Rolle spielt ⟨das⟩ Gesetz von der Erhaltung des Impulses und der Energie. ⟨*page*⟩
224. Entropie ist die erste ~~Eigenschaft~~ Gestalteigenschaft, die in die Physik eingeführt wird [d. h. eine Eigenschaft einer Vielheit von Molekülen].
225. Beweis, dass jedes Lichtquant nur mit sich interferiert, und daher [die Ausdehnung eines Lichtquants z. B. so groß sein muss wie die Apparatur eines Fernrohrs?] folgt daraus, dass Licht mit der gleichen *Intens.*-Verteilung, aber verschiedenen *Kohärenzeigensch.* durch Interferenz-Versuche unterschieden werden kann.
226. Grund für Welle-Korpuskel-*Dualismus* = Raumzeit kann auf ein einzelnes Quantum nicht angewendet werden. Raumzeitverhältnisse sind statistische Verhältnisse, welche Quanten betreffen.
volte face??
227. Es gibt nur eine Art von Lichtquanten. [Je zwei sind durch Koordinatenänderung ineinander transformierbar.] Daher sind wohl auch die Atome, welche die verschiedenen Lichtquanten emittieren, nicht absolut voneinander verschieden. ⟨*page*⟩ Die Einheit des Wirkungsquantums ist keine Raumzeit-Einheit.
228. In der alten Quantentheorie scheint alles (Druckverbreitung, natürliche Linienbreite, korrespondenzmäßiger Zusammenhang zwischen Frequenz der Atombewegung ⟨und⟩ emittierter Frequenz) dafür zu sprechen, dass der Ausstrahlungsprozess nicht momentan ist, sondern während der ganzen Lebensdauer andauert. Dagegen spricht lediglich das Energieprinzip und die Tatsache, dass jedes Lichtquant genau die Energie $h\nu$ hat. Zur Trennung der zwei Arten von Prozessen wäre die Beobachtung von Atomstrahlung in rasch veränderlichen Feldern von Wichtigkeit.
229. *Ehrenfests* Ableitung des Wienschen Verschiebungsgesetzes durch Betrachtung der Änderung der Eigenschwingungen des Hohlraums bei Kompression. Warum auch statistische Gewichte invariant? Wie steht es mit den Mehrfachquanten der Lichttheorie? ⟨*page*⟩
230. Die Vergangenheit und die Gegenwart ist für die Wahrnehmung in einer prinzipiell anderen Weise offen als die Zukunft (= unmittelbar erlebt und Spur davon). *Verifikation* = Es wird dasselbe zum zweiten Mal wahrgenommen. Jedes Ereignis kann auf viele verschiedene Weisen und zu verschiedenen Zeiten erschlossen werden, aber nur ein einziges Mal erlebt werden, und nur eine sehr kleine Gruppe von Ereignissen kann überhaupt erlebt werden. Durch Angabe der Naturgesetze und Anfangsbedingungen und sämtliche logisch wahren Gesetze ist noch nicht alles, was man wissen kann, bestimmt. Es kommt dazu noch ⟨das⟩ Verhältnis des Ich zur Welt und ⟨die⟩ Verknüpfung der Außenerlebnisse je Schöpfungsbegriff mit denen des Weltbildes [= Wiedererkennungsfunktion *Plato's*].

231. Grund für die 3-Dimensionalität und *Signatur* der Massenform:
   1.) Angeblich in der *Weylschen* Theorie nur im Falle $n = 4$, Maxwellsche Gleichungen in einfacher Form.
   2.) ⟨Die⟩ Dimensionszahl muss gerade sein, wenn bei ⟨der⟩ Auslöschung einer Kerze Dunkelheit entstehen soll. ⟨*page*⟩
   3.) Die Signatur 4 ermöglicht keine Wirkungsausbreitung, die Signatur 0 gibt keine Scheidung von Vergangenheit und Zukunft.
   Weyl. Analys. d. Raumprobl.[55]
   Was ist Materie, Raumzeit-Materie[56]
231. Behandlung eines Systems kann
   1. in einer Messung einer Größe bestehen, dabei gewissermaßen ein Minimum von Einwirkung,
   2. in einer solchen Behandlung, um einen bestimmten vorher angegebenen Wert von Ort und Geschwindigkeit zu erhalten.

   Ist die zweite Art der Einwirkung auch durch eine Matrix gegeben? Ist es möglich, eine beliebige Wellenfunktion durch *syst.* Behandlung zu erhalten? Scheinbar!
232. Beugung des Lichts an einem Rand ⟨ist⟩ Beispiel für die Unschärferelation.
233. „Jetzt" ist stets ein und derselbe Zeitpunkt und „Ich" ist stets ein und dieselbe Person? (*Schopenhauer* ⟨?⟩)
234. Findet jede Energieübertragung auf räumlich getrennte Objekte durch Lichtquanten statt? ⟨*page*⟩
234. Zusammenhang zwischen Frage des Zeitpunktes des Übergangs in niedrigen Quantenzustand im Verhältnis zur Lichtaussendung nicht beantwortet. Es kommt immer entweder genau E_1 oder genau E_2 heraus. Eventuell Energiedifferenz durch Eingriff ausgeglichen.
235. Doppelte Natur von Licht und Materie scheint auch eine Ausprägung des *Rel.* Gedanken in allgemeinster Form zu sein. Nämlich, ob es als Licht oder als Materie erscheint, hängt vom Verhältnis des Beobachters ab. An sich weder das eine noch das andere.
236. Atomistischer Zug im Mechanismus der Energieübertragung: Jede Energieübertragung durch Licht rührt von individuellen Prozessen her, bei denen ein Lichtquant ausgetauscht wird (*Individualität* der Lichtprozesse). Jeder Versuch, die Bahn der einzelnen Lichtquanten zu verfolgen, zerstört das Phänomen, um dessen Analyse es sich handelt (Abdeckung eines Spalts). Eine eingehende Analyse des einen oder anderen Zugs aufgrund mechanischer Vorstellungen erfordert verschiedene, sich gegenseitig ausschließende Versuchsanordnungen. ⟨*page*⟩
   Bohr, Nat. 1933, 250[57]

---

[55] Weyl, H. (1923) *Mathematische Analyse des Raumproblems.* (Vorlesungen, gehalten in Barcelona und Madrid) Berlin: Springer.
[56] Weyl, H. (1924) *Was ist Materie?* (Zwei Aufsätze zur Naturphilosophie) Berlin: Springer.
[57] Bohr, N. (1933) Licht und Leben. *Die Naturwissenschaften* **21**(13): 245–250.

237. Mechanische Stabilität der Elementarteilchen schon vorher nicht mechanisch erklärbar (explodierende Elektronen). Ebenso mechanische Stabilität der Atome und Moleküle. Das Problem der Elementarteilchen muss also in ähnlicher Weise durch Quantenbedingungen, welche ein Explodieren ebenso unmöglich machen wie ein Ausstrahlen im untersten Quantenzustand, erklärt werden? Was sind aber die angeregten Zustände eines einzelnen Elektrons? Klassisch können nur Phänomene beschrieben werden, bei denen die in Frage kommende Wirkung groß ist gegenüber dem Wirkungsquantum (nicht z. B. das Phänomen der Ausstrahlung eines Atoms). Begriffe der Komplementarität dienen als Symbol für die fundamentale Begrenzung unserer gewohnten Vorstellung einer von den Beobachtungsmitteln unabhängigen Existenz der Phänomene. (Ob ⟨es⟩ Lichtwelle oder Korpuskel ist, hängt davon ab, wie man es beobachtet.) *Bohr* versucht, die bisher ungelösten Probleme der Biologie als sinnlos hinzustellen, ähnlich wie die Frage nach dem ⟨*page*⟩ Verlauf der *Abs. Prozesses* ⟨*sic*⟩. Messinstrumente sind klassisch mechanisch beschreibbar. (Auf sie ⟨ist die⟩ klassische Mechanik anwendbar.) *Physik* und Leben sind komplementär? Psychologische und physiologische Beschreibungen sind komplementär. Das materielle *Korrelier.* der Willensfreiheit lässt weder eine kausale noch eine statistische Beschreibung zu.
238. Das Gefühl, das mit der Definition von *i* als (0, 1) nicht alles erledigt ist, ist die Existenz ungelöster berechtigt wegen der Existenz ungelöster Probleme. Die bloße Definition $i = (0, 1)$ gibt nicht an, warum gerade diese Begriffsbildung das Natürliche wäre. Das Geheimnisvolle liegt gerade darin, dass man mit *i* so rechnen kann wie mit anderen Zahlen, und dabei $i^2 = -1$ ⟨ist⟩.
239. Das System der wissenschaftlichen Aussagen ist vielleicht äquivalent einem System über mögliche (nicht wirkliche) Erlebnisse.
240. *Jordan:* Gedankenübertragung = Miterleben der Gehirnvorgänge anderer *(Nat. 1934)*[58]
241. Bahnkehrpunkt wird durch Interpolation zu kontinuierlicher Beobachtung geschlossen. Die ⟨*page*⟩ Berechtigung derselben hat Grenze (Schrödinger ⌊*Indet.*⌋) in atomaren Dimensionen.
242. Schrödinger behauptet, jedes Weltbild enthält prinzipiell Unbeobachtbares. [Die beiden Seiten des Brandenburger Tors existieren gleichzeitig.] Das ist insofern richtig, als ich nicht an allen Raumzeitpunkten sein kann.* Trotzdem ⟨ist⟩ mittels der Naturgesetze prinzipiell alles feststellbar. Bei der Bahn des Atoms würde es sich vielleicht um etwas handeln, was ⟨man⟩ auch mittels der Naturgesetze nicht feststellen kann.

   * Daher nicht alles <u>unmittelbar</u> feststellbar.
243. Wieso beschreibt das *kosm.* Glied den Einfluss der Weltmasse und ermöglicht die Durchführung des *Mach*schen Gedankens? Wie ist die Zurückführung von Masse auf Länge in ⟨der⟩ *Rel. Th.* zu verstehen?

---

[58] Jordan, P. (1934) Über den positivistischen Begriff der Wirklichkeit. *Die Naturwissenschaften* **22:** 485–490.

244. *Hei.*

1. Für Messapparate und Beobachter gilt klassische Physik, für das Beobachtete gilt Quantenphysik.
2. Beim *Neum.* Beweis spielt die Verschiebbarkeit der Grenze zwischen Objekt und Subjekt eine wesentliche Rolle.

245. Quantenelektrodynamik (Zweite Quantelung führt zu einem punktförmigen Elektron?)
246. Analogie zwischen Konstruktion rationaler Zahlen und Konstruktion der Realität ist eine nicht Gehende!

Forts.: No. 126 !!

⟨Rückwärtsrichtung⟩

Smoluch. Vortr.[59]

p.114: Anmerkung mit der Gummigutt-Emulsion falsch angeführt.

p.108: Anmerkung, statt „alle Teilchen" soll es heißen „ein Teilchen".

v. Neum., Fehler[60]

p.188 ⌊*oben*⌋: Energie zur Zeit kanonisch konjugiert, daher Unbestimmtheitsrelation

p.190 u.: Reversibilität der Schrödinger Gleichung

p.192 o.: Jeder Prozess, der die Hauptsätze nicht verletzt, ist beweiskräftig. (Praktische Durchführbarkeit gleichgültig.)

p.224: Die Teilung der Welt in materielle Körper und abstrakte „Ich" scheint mir abwegig. (Wie sollte das abstrakte Ich Störungen im physikalischen System bewirken?) Scheinbar sollte auch das zweite System immer ein materielles sein. ⟨*page*⟩

Haas kosm. Probl.[61] *p.11:* Anzahl der quadratischen Grade *p.4:* 100 Zoll Bahnweite *p.46* Verminderung der Strahlungsenergie durch *Exp.*

---

[59] Es könnte sich um die folgende Arbeit handeln: Smoluchowski, M.v. (1914) Gültigkeitsgrenzen des Zweiten Hauptsatzes der Wärmetheorie. In: *Vorträge über die Kinetische Theorie der Materie und der Elektrizität*. Leipzig und Berlin: Teubner, S. 89–121.
[60] Diese Bemerkungen beziehen sich auf: von Neumann, J. (1932) *Mathematische Grundlagen der Quantenmechanik*. Berlin: Springer.
[61] Haas, A. E. (1934) *Die kosmologischen Probleme der Physik*. Leipzig: Akademische Verlagsgesellschaft.

Quantenmechanik II 3

No. 319 wurde geschrieben am 27./VI. 1935.

250. Parallelismus zwischen Allmenge und Ding-an-sich:
In keiner Annäherung an die Wirklichkeit kommt ein objektives Ding-an-sich vor. [Nur in der widerspruchsvollen Theorie, welche die klassische Physik ist.]

Plancksche Antin. ... Russellsche Antin.

Kausalität in der Welt ist einerseits deswegen notwendig, weil ein Teil der Welt die ganze bestimmt, andererseits wegen Willensfreiheit unmöglich.
Hauptproblem: Für die physikalische Theorie dasselbe zu leisten, was die Typentheorie für die Logik geleistet hat. D.h., welches ist die <u>Struktur</u> derjenigen[1] Folge von Theorien, welche die klassische Theorie einer „objektiven Welt" zu ersetzen und zu *approxim.* hat? Ein wesentlicher Bestandteil dabei muss offenbar die atomistische ⟨page⟩ (monadologische) Struktur der Welt ⟨sein⟩. Scheinbare Stetigkeit ist offenbar ein *Interpol.* Resultat oder ist Resultat der *int.* Funktion des Bewusstseins. Ähnlich wie Stetigkeit eines Gases in der Kontinuumstheorie. [Leibniz' Vergleich mit Fischteich und Blumengarten.][2] [*Hilbert:* Es gibt in der wirklichen Welt kein Unendlich.] Jede einzelne dieser Theorien ist offenbar ein *hyp. ded. System*. Ein Teil der Sätze [nämlich die Beobachtungssätze, welche auch Willensregungen und Entschlüsse umfassen] bleibt für alle Systeme gleich. Jedes frühere ist wahrscheinlich als Teil in jedem späteren enthalten [Erweiterung sowohl hinsichtlich Begriffen als auch

---

[1] ▷transfiniten.
[2] Leibniz, Monadologie, §69

Sätzen]. Jede Theorie besitzt ein gewisses, nach später hin abnehmendes Maß von *Subjektivität*. Vielleicht ist ⟨die⟩ Leibniz'sche Monadolgie ⟨*page*⟩ eine der Zwischenstufen zwischen *Solips.* und objektiver Theorie. Charakter: Man hat nicht „ein" „wahres" Weltbild, sondern ebenso viele verschiedene Weltbilder, als es Monaden gibt. Zwischen diesen bestehen gewisse gesetzmäßige Zusammenhänge, aber von objektiver Wirklichkeit ⟨ist⟩ in keinem mehr die Rede. Vielleicht sollte so das Mehrkörperproblem behandelt werden.

⟨Das⟩ Prinzip, welches ⌊von der Theorie T⌋ zur nächst höheren Theorie ⌊T'⌋ führt, ist vielleicht folgendes: Die Abhängigkeitsbeziehungen zwischen den Vorstellungen der Monaden, welche durch T gegeben sind, werden in T' verschärft, indem

A.) die Mannigfaltigkeit der „Vorstellungen" vergrößert wird, indem dieselben, durch die Theorie T gegebenen „Weltbilder" mit zu den Vorstellungen der Monaden gerechnet werden.

B.) Durch Abhängigkeitsbeziehungen zwischen den neuen Vorstellungen werden vielleicht auch die Abhängigkeiten zwischen den alten verschärft [d. h. neue Abhängigkeiten gestiftet]. ⟨*page*⟩

Ein Rätsel bleibt, wieso die Abhängigkeiten scheinbar nur statistisch sind. [Vielleicht statistisches Element nur in *Solips.* Auffassung nötig?] ⟨Die⟩ Leibniz'sche Monadologie ist als Zwischending zwischen *Solips.* und objektiver Welt nicht willkürlich, denn: ⟨Der⟩ Grund, weswegen man bei *Solips.* nicht stehen bleiben kann, ist das Du. D. h., es bestehen gleichberechtigte „*Selbste*", zwischen denen dann offenbar Abhängigkeiten bestehen müssen. [Das ist das Schema (Struktur) der Monadentheorie.] (Die Art dieser Abhängigkeiten kann am besten beschrieben werden durch *Spiegelung,* aber nicht Spiegelung des Universums, sondern bloß Spiegelung seiner selbst durch tausende von Spiegeln.) ⟨*page*⟩

251. Was wird aus der Regel über ⟨die⟩ Wahrscheinlichkeit von Messergebnissen, wenn man sie auf ein einzelnes Elektron als Messendes anwendet?

252. Die Monade eines tierischen Körpers ist eine Existenz, andererseits irgendwie identisch mit Organisation [Ordnung der Teile]. Dies wird verständlich durch die *Photochemie*. Dadurch wandelt sich eine offenbare *Substanz* (Lichtquant) um in eine Organisation (komplexe Struktur). Aus dem Prinzip der Erhaltung der Individuen folgt daher, dass diese komplexe Struktur eine gewisse einfache *Subst.* ist.

253. Was am meisten gegen ⟨die⟩ *Monadol.* spricht, ist der stetige Übergang zwischen Teilen der Materie, welche als *Subst.* anzusprechen sind (d. h., einheitlich organisiert sind), und solchen, für die das nicht der Fall ist (z. B. Blätter). Das könnte ein *Komplem.* Verhältnis sein. Wir können nur entweder Raumzeitverteilung oder monadische Struktur auffassen. ⟨*page*⟩ Vielleicht kommt daher der *stat.* Charakter beim Hineinpressen der Monaden in unser Raumzeitbild.

254. Licht ist Bewegung ohne bewegte Materie. Leben ist gefrorenes Licht.

255. *Monadologie = Solipsism.* + Anerkennung des Du

	objekt.	*posit.*
kausal	klassische Ph.	*Mach.*
stat.	*Exner*'sche Physik und Schrödinger Auffassung	*Heisenberg*

3 Quantenmechanik II

255. Beweis, dass Quantenmechanik (*Hei.*) in keine andere *Rubrik* verschoben werden kann, als wo sie steht, also insbesondere keine objektivistische Quantenmechanik möglich ist.[3]
    Hauptcharaktere der Quantenmechanik:
    A. *individual (= unstetig)*
    B. *statistisch*
    C. *positivistisch* ⟨*page*⟩
    A. bedeutet: Organisation tritt nur in Form von Individualität auf.
256. ⟨gestrichen⟩ Da in jeder Fassung der Quantentheorie der „Beobachter" vorkommt, muss dieser auch etwas Elementareres bedeuten können als die höchste komplizierte Maschine „Mensch". Daher ersetzbar wahrscheinlich durch ein Elementarteilchen und Formulierung der Quantengesetze bezüglich eines Elementarteilchens.
257. Die Beziehungen zwischen den Vorstellungen verschiedener Monaden sind nicht einfache Spiegelungen, denn es kann Gleiches qualitativ Verschiedenem entsprechen [z. B. Begierde ... Kraft]. Vielleicht nicht einmal ein-eindeutig.
258. Es hat keinen Sinn zu fragen, wie bewegen sich die Elektronen, sondern nur, wie scheinen sich die Elektronen von einem bestimmten ⟨fehlendes Wort⟩ aus gesehen ⟨*page*⟩ zu bewegen. Allerdings: Bezüglich des Menschen ist das Verhalten der Welt bestimmt durch das konkret angebbare (unwillkürliche) Verhalten des Menschen [d. h., welche Experimente gemacht werden]. Wie steht es diesbezüglich bei Elektronen statt Menschen? ⟨Die⟩ Lösung ⟨liegt⟩ vielleicht darin, dass ⟨der⟩ Charakter des Elektrons eindeutig bestimmt ⟨ist⟩, daher auch ⟨sein⟩ Verhalten? Bei Menschen nicht?
259. ⟨Ein⟩ weiteres Argument für die Ersetzbarkeit des Beobachters durch Elektronen ist die Verschiebbarkeit der Grenze[4] zwischen Beobachter und Beobachteten. D. h. wahrscheinlich, Mensch [Elektron] kann durch irgendeinen beliebigen Teil der Welt ersetzt werden. ⟨*page*⟩
259. Vorlesungen halten:
    1.) Wirklicher Zeitverlust (abhängig von Stundenzahl, Vorlesungszeit und Güte der Vorbereitung). Wie viel Vorbereitung ⟨ist⟩ nötig, um ⟨den⟩ Zweck des Vorlesung-Haltens zu erreichen?
    2.) Indirekter Zeitverlust ⌊(und sonstige Unannehmlichkeiten (*Dep., etc.*))⌋ (wie zu vermeiden?). Wie Vorbereitung einteilen, um diese zu verkleinern?

    Welcher Zweck ⟨ist⟩ eigentlich mit Vorlesungen-Halten zu erreichen? Wird er erreicht werden? Und hat es einen Sinn, ihn zu erstreben [hier und in Amerika]? Allergrößter Schaden, gegen den Übriges zu vernachlässigen ⟨ist⟩, besteht darin, dass ich aus dem seelischen Gleichgewicht gebracht und daher für andere Dinge arbeitsunfähig werde.

---

[3] Zum Hinweis auf Exner und Schrödinger in der Tabelle vergleiche Fußnote 6 (QM I).
[4] ▷insbesondere beliebig weit nach innen.

Analoge Überlegung bezüglich Bücher-Schreiben.

Das Schlimmste ist ⟨die⟩ Hemmung beim Vorbereiten. Diese würde verschwinden, wenn ein bestimmter Zweck dabei vorschwebt, und ⟨die⟩ Vorbereitung ⟨sich⟩ danach richtet, ob dieser erreicht wird. ⟨Die⟩ Unannehmlichkeit ⟨ist⟩ auch sehr abhängig vom *Thema,* ⟨ein⟩ Thema, wo man mehr erzählen kann, ist angenehmer, Grundlagen ⟨sind⟩ besonders unangenehm. Oder wenn Beweise vielleicht ganz exakt ⟨sind⟩ wie bei *Hahn.* Ist die Güte der Vorlesung maßgebend für ⟨ein⟩ Weiterkommen? ⟨Der⟩ Vorteil, alle Beweise genau zu geben, ist: Man kann nichts vergessen. Hauptvorteil der Vorlesung: Das einzige, bei dem heftige Gefühlsäußerungen.

Wichtigstes Moment für die Klarheit einer Vorlesung: Nötige Termini nach reiflicher Überlegung definieren und dann festhalten. ⟨*page*⟩

260. Analogie zwischen Wellen-*Packeten* ⟨*sic*⟩ und *Gibbs.* Verteilungsfunktion im Phasenraum (*vgl.* auch *Borel*).

Qualitativ genau dasselbe, was aus Klassischem zu erwarten ist: Im Falle beschränkter Messgenauigkeit erweitert sich das Paket. Unterschied:

1.) ⟨Die⟩ Messgenauigkeit hat eine absolute Schranke.

2.) Ausbreitung der Wellenpakete geschieht nach einem anderen Gesetz.

261. Zwei prinzipiell verschiedene Arten, Aussagen über die Zukunft zu gewinnen:

1.) naturgesetzlich

2.) durch Fassen des Entschlusses, etwas zu tun.

Die Ereignisse der ersten Art erscheinen notwendig, die der zweiten Art erscheinen durch freien Entschluss bestimmt. Es ist denkbar, dass 1.) und 2.) zusammen die Zukunft eindeutig bestimmen. Die Teilung der Weltereignisse[5] in die Klassen 1.) und 2.) ist für jedes Subjekt eine verschiedene (d. h., sie ist relativ = vom Beobachter abhängig). 1.) wird durch Klugheit erkannt, 2.) durch Weisheit. Widersprüche zwischen beiden ⟨*page*⟩ sind *a priori* denkbar und werden dann eintreten, wenn die Klugheit die Weisheit zu stark überwiegt.

262. Die Relativitätstheorie hat von vielen Begriffen, die früher für absolut[6] galten, gezeigt, dass sie nur relativ sind. Die Quantentheorie zeigt scheinbar, dass es überhaupt Analogie Absolutes gibt. (D. h., man kann kein „Ding" konstruieren, sondern muss prinzipiell beim *Solips.* stehen bleiben.) ⟨Der⟩ Grund, das anzunehmen, ist, dass die einzige konsequente Deutung der Quantentheorie *positivistisch* ist.

---

[5] ▷besser: der Aussagen über die Welt (Zukunft).

[6] ▷absolut = an sich = unabhängig vom Beobachter; relativ = in der Erscheinung = vom Beobachter abhängig.

263. Behauptung, dass auch ein *Paramäzium* ⟨*sic*⟩ ⟨ein⟩ Gedächtnis habe! (*Nat. 1934, Bleuler,* nachsehen *Semon*)[7]
Spemann, Fernwirkung eines Organisators??
Driesch, Entwicklung eines ganzen Organs aus einer halben Knospe. Vererbung erworbener Eigenschaften[8] und Einwand einer viel zu langsamen Entwicklung gegen *Darwin*? ⟨*page*⟩ Es ist tatsächlich unbefriedigend, die zweckmäßigen Reaktionen der einzelnen Individuen (Lernen) durch ein vollkommen anderes Prinzip zu erklären als die zweckmäßigen Reaktionen der Arten (Anpassung), und Vergleich der *Ontogenese* mit einer automatisch ausgeführten Handlung des einzelnen Individuums ist bestechend. *Hartmann* führender Biologe, Kritik von *Mnemismus, Biol. Zbl. 6 (1932)*
265. Quantenmechanik: Einfachste Beschreibung der Welt ist nicht mehr als objektive Welt der Dinge (invariante Beschreibung), sondern Beschreibung der verschiedenen *Solips.* Welten + *Transform.* Gesetze. ⟨*page*⟩
266. Die metaphysischen Systeme sind nichts anderes als verschiedene Rahmen für physikalische Theorien. [Wie sieht das *Platonische* aus?] Bisher wurde immer nur das *Demokrit*'sche System als Rahmen in der wirklichen Physik verwendet. In der modernen Physik wird es anders werden. Vielleicht das Leibniz'sche an seine Stelle?
267. „Die" richtige physikalische Theorie muss unabgeschlossen sein, wie schon daraus folgt, dass durch die Aufstellung der Theorie ein neues physikalisches Faktum gesetzt ist. Der jetzt erreichte Standpunkt unterscheidet sich von diesem primitiven *solips. Argument* in zweifacher Weise:
   1.) Die Tatsache der Abbildung der Welt durch einen Teil wird nicht auf Bewusstseinsvorgänge eingeschränkt, sondern [im Sinne von Leibniz] als Grundtatsache der Welt, welche für jedes Ding (Monade) gilt, behandelt. [D. h., jedes Ding entwirft ein (unbewusstes) Bild der Welt.]
   2.) Dadurch ⟨wird⟩ auch ⟨der⟩ *Solipsism.* überwunden, d. h.: Die Iteration der Bilder bezieht sich nicht nur auf das eigene Weltbild, sondern ⟨*page*⟩ wechselweise auf Bilder der verschiedenen *Monaden.*
   Das auf diese Weise durch α-fache Iteration der Abbildung erhaltene Weltbild ist die physikalische Theorie α-ter Stufe.
268. Auch die frühere Theorie ⟨war⟩ schon in dem Sinn *monad.,* dass jeder Materiepunkt ein anderes „Weltbild" hat [vom Ort und ⟨von der⟩ Bewegung abhängig]. Aber das in diesen verschiedenen Weltbildern Abgebildete ist dasselbe. [D. h., ein-eindeutige Zuordnung möglich.] In ⟨der⟩ Quantenmechanik sind die naturwissenschaftlich möglichen Aussagen für jede Monade *konditional* und

---

[7] Meint wohl: Bleuler, E. (1933) Die Mneme als Grundlage des Lebens und der Psyche. *Die Naturwissenschaften* **21**(5-7): 100–109. Die Bemerkung „nachsehen *Semon*" bezieht sich auf einen Hinweis bei Bleuler. Dieser verwendet den Ausdruck „Mneme", der von dem Evolutionsbiologen Richard Semon (1859–1918) für unbewusste Gedächtnisinhalte geprägt wurde (*Die Mneme als erhaltendes Prinzip im Wechsel des organischen Geschehens.* 1904 Leipzig: Engelmann). Siehe hierzu auch Kap. 8, Frame 22-227/8.
[8] ▷*Bleuler,* ⌊Brit.⌋ *J. Psychol. 20, 201 (1930),* Beweis erworbener Eigenschaften.

beziehen sich auf verschiedene (nämlich auf Handlungen der anderen Monade) Untervoraussetzungen, dass die eigenen Handlungen fixiert sind.

268' Die Tatsache, dass ⟨das⟩ Ding-an-sich scheinbar verschwindet und nur Beziehungen zwischen verschiedenen Erlebniswelten festgesetzt werden, hängt damit zusammen, dass das „Ding-an-sich" auf sehr wenig zusammenschrumpft (nämlich die Eigenschaften des mechanischen Systems der Welt ohne Anfangs- ⟨page⟩ bedingungen), und daher alles, was an der Welt interessiert [beobachtet wird], schon zur Erscheinung gehört. Das Ding-an-sich wäre gegeben durch das mechanische System „Welt", und diese braucht die Beziehungen zwischen den ~~Vorstellungen~~ möglichen [durch das System noch nicht bestimmten] Vorstellungen der einzelnen Monaden festlegen.

269. Die Fiktion des Weisen, der alles, inclusive seiner eigenen Handlungen, mit Sicherheit beliebig weit voraussagen kann, ist vielleicht etwas prinzipiell den Naturgesetzen Widersprechendes.

270. Die Dimensionalität des Raumes hängt zusammen mit *Bose stat.* und Ausschließungsprinzip.
    a.) Bei Symmetrieforderung ⟨sind⟩ immer drei Dimensionen zusammengefasst.
    b.) Bei Ausschließungsprinzip ebenfalls.

271. Wieso ⟨ist die⟩ Anzahl der Freiheitsgrade eines Paares von Ladungen = 137 ? ⟨page⟩

272. Das, was zum physikalischen Weltbild hinzukommen muss, um Wissbares zu umfassen, ist:
    1.) Tatsache, dass ich in dieser Welt vorkomme. [= Tatsache der Bewusstheit, Experiment: Versuche zu denken, dass nur Materie da ⟨ist⟩, aber kein Bewusstsein = Ich bin nicht in der Welt.]
    2.) Genaue Bestimmung, wer ich bin (Ort und Zeit).
    3.) „Wiedererkennen" [d. h. Zuordnung] der Erlebnisse in gewisse Ereignisse des physikalischen Weltbildes. Ist das auch im neuen Weltbild ganz ebenso?
    4.) Die Zeit vergeht. [Der Raum z.B. vergeht nicht.] Und zwar in einer bestimmten Richtung.

273. Bewusstsein[9] (objektiv, physikalisch definiert) ist zweifellos nur möglich durch *Mneme*. Der gegenwärtige Zustand muss zugleich mit *Engrammen* früherer in Wirksamkeit treten. Wenn die Bekenner des *Mnemismus* Recht haben, so ist die Mneme sicher auch eine anorganische Eigenschaft und zur Erklärung der ⟨?⟩ der Entropiezunahme heranzuziehen. [Diese Einstellung zu den Entropiesätzen verhält sich zur früheren ⟨page⟩ (= Entropiezunahme nur in der Erscheinung). Ebenso für die frühere Auffassung des transfiniten Moments in der Physik (nämlich *solips.*) zur jetzigen (nämlich gegenseitige Spiegelung) und ebenso wie *Heisenberg*'scher *Positiv.* zu *Monadologie* (= Gleichberechtigung von Elektron und Mensch).]

---

[9] ▷ wenigstens sofern man die begriffliche Funktion [= wiedererkennen] dazurechnet. Wahrnehmen = Man weiß, jetzt ist dies, dann ist jenes. Dazu ⟨ist⟩ Erinnerung nötig.

274. ⟨gestrichen⟩ Ist das Gedächtnis des *Paramäz.* wahr?
275. Wieso ist es möglich, die quantenmechanischen Größen zu betrachten als Funktion von $q_i\, p_i$? *Dirac, Camb. phil. soc.*?[10] Und wie verhält sich dann die Bewegungsgleichung im Verhältnis zu klassischer *Gibbs*'scher?
276. In früherer Theorie enthält das Ding-an-sich meine tatsächlichen Erlebnisse. In der jetzigen nur die möglichen Erlebnisse. Meine wirklichen Erlebnisse sind bloß ein [durch mich bestimmter?] *Aspekt* des Dings-an-sich. Insbesondere wird das Ding noch nicht die Aufspaltung in viele Individuen enthalten. ? Sowohl meine Handlungen als mein Sein ist ein von mir gewählter *Aspekt* des Dings?? ⟨*page*⟩
277. Freiheit des Willens = Abhängigkeit meiner Handlungen von meiner Erkenntnis. Diese Abhängigkeit ⟨besteht⟩ in zweifacher Weise:
    1.) Abhängigkeit von meiner phänomenologischen Erkenntnis (d. h. der Erkenntnis, welche Erlebnisse auf welche Handlungen folgen).
    2.) Abhängigkeit von der Theorie [d. h. der Metaphysik], welche zur Ableitung dieser Zusammenhänge verwendet wird. Insofern eine Theorie Einfluss auf unser Handeln hat, wird sie Weltanschauung genannt.
    Die *Imperat.* der ersten Art sind immer *hypoth.*,
    die *Imperat.* der zweiten Art eventuell *kategorisch*.
    [Ethik vielleicht = Metaphysik des Phänomens des freien Willens.]
278. *Jordan, Nat. 1932*[11]
    1. Formulierung des Kausalgesetzes mit Hilfe von abgeschlossenen Systemen[12] durch Relativitätstheorie überflüssig, sondern: Zustand in einem Punkt nur abhängig von den Zuständen auf der Basis des Lichtkegels von jenen Punkten aus. ⟨*page*⟩
    2. Die Beobachtung ist ein die zu beobachtende Tatsache teilweise erst selbst erzeugender Prozess. Vom Beobachter wird erzwungen: Die Annahme eines bestimmten Ortes, während die Entscheidung über den Ort vom Beobachter nicht beeinflusst werden kann.
    4. Hauptkriterium ?? für ⟨den⟩ Unterschied zwischen Innen- und Außenwelt: ? Außenwelt beobachtbar ohne Störung, Innenwelt nicht?
    5. Nicht-Voraussagbarkeit des Zeitpunktes des Zerfalls eines Radium-Atoms ⟨ist⟩ ebenso prinzipiell wie Nicht-Feststellbarkeit des Ätherwindes.
    6. Schädigung durch *Röntgenstr.* ist etwas oft Begründetes.
    7. ⟨Der⟩ *Dualismus* Welle Korpuskel ist parallel ⟨dem⟩ *Dualism.* Körper Geist. Beispiel der langsamen Tötung: Je weiter die Tötung fortschreitet, desto mehr Kausalität und desto weniger Willensgefühl. ⟨*page*⟩

---

[10] Diese Quelle von Dirac konnte nicht identifiziert werden. Im betreffenden Zeitraum (d. h. bis 1935) wurden von Dirac 13 Arbeiten in den *Proceedings of the Cambridge Philosophical Society* publiziert.
[11] Jordan, P. (1932) Die Quantenmechanik und die Grundprobleme der Biologie und Psychologie. *Die Naturwissenschaften* **20**: 815–821.
[12] ▷oder für das Welt-Ganze.

8. Worauf beruht es, dass ein Organismus kein Makro-, sondern ein *Microsystem* ist [Streuungswirkungen]? (Könnte man ein anorganisches *Analogon* dafür einführen?)
= verstärkte Theorie der Organismen
9. Die kleinsten noch homogenen Bestandteile eines Organismus sind die Atome (Moleküle). Daher *Komplem.* zwischen Definiertheit und Lebendigkeit.

279. ⟨Der⟩ Unterschied zwischen ⟨einer⟩ Bewegung, die klassisch verläuft (im Atom), und Quantensprüngen scheint derselbe zu sein wie ⟨der zwischen⟩ reversiblen und irreversiblen Vorgängen.
280. Sind die Zustände und die Gemische wirklich ganz gleichberechtigt?
281. Sinn des Aufsatzes von *Bethe, Nat. 21*[13]

A. Nach Durchtrennung einzelner Bahnen und *Amput.* einzelner Teile des zentralen Nervensystems reagiert der Rest noch als eine Einheit, d. h. so zweckmäßig, als es eben möglich ist, indem andere Teile die Funktionen der abgetrennten übernehmen.

B. Was ist wirklich gezeigt:
1. Die Vorstellung der Reflexmechanismen als direkte Übertragung von sensiblen auf motorische Nerven nach einem Schaltschema ist offenbar falsch. [Beweis: Vertauschung von *vagus u. sympath.*] Sondern die Schaltung ist offenbar so, dass ein bestimmter Erfolg (angezeigt durch Rückmeldung über ⟨die⟩ Stellung der Gliedmaßen) durch den Mechanismus fixiert ist.
2. Das *Z.N.S.*[14] besteht nicht aus einzelnen unabhängigen Zentren, sondern diese Zentren sind einem höheren untergeordnet, welches die Reaktion nur in einem allgemeinen Sinn bestimmt. [Z. B.: Ein auf den Körper gefallener Tropfen soll abgewischt werden.] Diesen Zentren sind wieder andere mit noch allgemeineren Handlungs*maximen* übergeordnet.

⟨page⟩

Es gibt scheinbar übergeordnete Organisationsformen.
1. unorganisierter Äther vielleicht = Licht
2. Elektronen und Protonen
3. Kerne
4. Atome
5. Moleküle
6. Lebewesen

---

[13] Bethe, A. (1933) Die Plastizität (Anpassungsfähigkeit) des Nervensystems. *Die Naturwissenschaften* **21**(11): 214–221. Der deutsche Physiologe Albrecht Bethe (1872–1954) sollte nicht mit seinem Sohn, dem deutsch-amerikanischen Physiker Hans Bethe (1906–2005, Nobelpreis 1967) verwechselt werden.
[14] Zentrales Nervensystem.

Obwohl jedes Ding der Stufe n Dinge der Stufe $n - 1$ als Teil enthält, so ist es nicht als <u>räumliches</u> Aggregat dieser zu verstehen. D. h., sein Verhalten kann nicht durch raumzeitliche Gesetze bezüglich der Dinge des $(n-1)$-Typs erklärt werden. D. h., der [für die Voraussage des Verhaltens nötige] Zustand (Verhältnis zueinander) der Elementarteile ist kein räumliches Verhältnis. Z. B. zwei Wasserstoff ⟨Atome⟩ können stehen in dem Verhältnis des „ein Wasserstoffmolekül bilden" oder in dem Verhältnis des „zwei getrennte Wasserstoffatome bilden" und verhalten sich dann ⟨*page*⟩ verschieden, obwohl die Wahrscheinlichkeiten der raumzeitlichen Lage vielleicht ähnlich sind. Ebenso kann ein Atomsystem vielleicht in dem Verhältnis des „einen Organismus bilden" stehen oder in dem Verhältnis „einen Atomhaufen bilden" und dementsprechend sich anders verhalten. D. h., ein Organismus wird nicht dadurch beschrieben, dass man die raumzeitliche Lage der ihn bildenden Atome angibt, sondern man muss außerdem etwas hinzufügen von der Art „und sie bilden einen Organismus". Oder es ist noch eine *Entel.* dabei. [Diese wäre der Unterschied zwischen Organismus und Maschine, würde aber nicht die Möglichkeit einer künstlichen Herstellung von Leben ausschließen.] Daraus würde folgen etwa: Organisation kann nicht erklärt werden durch feldmäßige, in der lebenden *Subst.* fortgepflanzte Wirkungen [denn diese müssten ja bei Materie im unorganisierten Zustand dieselben sein]. ⟨Ein⟩ Beweis wäre etwa, wenn vom Körper abgetrenntes Gewebe keine bestimmte morphologische Struktur bewahren kann, sondern einfach „wuchert". Das würde auch die Möglichkeit geben, den alten Volksglauben des Besprechen der Warzen zu rechtfertigen. [Krebs *Stat.:* Ist die Krebshäufigkeit bei geistig hochstehenden [harmonischen] Persönlichkeiten ⟨*page*⟩ seltener?] Das würde auch die Ansicht rechtfertigen, dass jede Erkrankung letzten endes eine *psych.* ist.

Nun ist aber andererseits die ~~Struktur~~ räumliche Struktur des Organismus derart, dass sie auch bei Zugrundelegung der Feldphysik ein zweckmäßiges Wirken verständlich macht. Das beruht offenbar darauf, dass die Feldphysik doch eine sehr gute Annäherung ist. Die raumzeitliche Organisation ist eine Erscheinungsform der Einheit, welche diese aber nicht erschöpft?

284. ~~Warum wird die Quantenphysik in Zusammen~~ Warum hat die Quantenphysik zur Befürwortung der „idealistischen und materialistischen" Lösung vieler Probleme geführt? [Lösungen, die bei Kant auf der linken Seite stehen.] Nämlich der Probleme: Willensfreiheit, *Vitalismus,* Gestalttheorie, Hellsehen, Verhältnis von Gehirn und Bewusstsein. ⟨*page*⟩ ⟨Der⟩ Grund ist der, dass die einseitige Lösung dieser Fragen bloß aus der Annahme einer ~~Feld~~ räumlichen Physik als Rahmen für das Weltbild folgt.

283a. Ähnliche Erscheinungen: Wundmale *Christi,* Hypnotisieren einer Brandblase, Vererbung erworbener Eigenschaften (= Bildung einer ⟨?⟩ Modifikation) ⟨Die⟩ Möglichkeit einer raumzeitlichen Erklärung der ~~Zweckmäßigkeit~~ Lebenserscheinungen ⟨ist⟩ ähnlich wie Atomerscheinungen: In groben Zügen ist die Zweckmäßigkeit durch *morphologische* Struktur zu erklären. In den feineren *Det.,* z. B. bewirkt ein Hormon die Brandblase oder das Nervensystem, gibt es keine Entscheidung [d. h., keine der beiden *altern.* ist richtig], sondern nur eine

Beschreibung des Verhaltens im Ganzen. D. h.: Die Grundlegung der Feldphysik als Rahmen ergibt gewisse Fragen bzw. *Alternativen, die sinnlos [bzw. keine Alter.] sind, ähnlich wie die Alt.* Wellen-, Korpuskeltheorie. Andere Beispiele: Besprechen von Warzen, plötzliches Ergrauen der Haare, Zunahme der Zwillingsgeburten nach dem Krieg. ⟨*page*⟩

285. Aus Boltzmanns ~~Physik~~ Atomistik [bei Annahme gewisser Kraftgesetze] folgt eine gewisse *phänom.* Feldphysik. Gilt dasselbe auch für die Quantenatomphysik? Und welches ist diese? Gilt sie ausnahmslos für die *Makro*-Erscheinungen, oder sind gewisse Ausnahmen [Lebenserscheinungen] möglich?

286. Die wahre Analogie der *Maxwell*'schen Theorie des Feldes für die Materie ist die phänomenologische Kontinuums- [Elastizitätstheorie, *Hydrodyn.*], wie sich auch aus ⟨der⟩ Analogie der spezifischen Wärme fester Körper und des Hohlraums ergibt. ⟨Das⟩ Verhältnis der *Maxw.*-Theorie zur Quantentheorie ist daher bloß dieses, dass sie die aus der Atomtheorie abgeleitete *Makro*-Feldtheorie ist. Oder sind die Beugungsphänomene schon wesentlich quanten- (atom-) haft? ⟨*page*⟩

287. Die Erscheinung der Ausstrahlung von Licht durch Atome war die erste, bei der die Frage: Was geschieht bei dem Prozess an den einzelnen raumzeitlichen Stellen (welches sonst das fruchtbarste Mittel der Analyse einer Erscheinung ist) – sich als unfruchtbar und schließlich als sinnlos erwiesen hat. Das ist ein Ereignis von fundamentaler Wichtigkeit[15] und lässt vermuten, dass es auch bei anderen Erscheinungen so sein wird, und dass gerade diejenigen, deren „Erklärung" bisher scheinbar unüberwindliche Schwierigkeiten machte, dahin gehören. Z. B.: Leben, insbesondere zweckmäßige Reaktionen des Organismus als Ganzheit, nämlich *Regener.* [insbesondere neue Einstellung des Gehirns], Vererbung erworbener Eigenschaften, Wundmale Christi, Hellsehen, unerklärlicher Orientierungssinn der Brieftauben, *psych.* Beeinflussung von Krankheiten. ⟨*page*⟩

288. *Mindstuff is not spread in space and time but in some other way or aspect can be differentiated into parts.* ⟨*sic*⟩ (*Edd.*)[16]

289. Unter einer *phys.* Größe versteht man eine Funktion von $q_1 \ldots q_n \, p_1 \ldots p_n$. Gibt es eine ein-mehrdeutige Relation, deren Vorbereich die physikalische Größe, und deren Nachbereich sämtliche *Matriz.* des Hilbertraums (oder eines noch allgemeineren Raums) sind, so dass jede algebraische Beziehung zwischen den *Matrizen* die gleiche zwischen den zugeordneten Größen zur Folge hat [und jede so erhalten wird], und dass jede kanonische Transformation einer Berührungstransformation entspricht (und auf diese Weise alle Berührungstransformationen) ⟨*page*⟩ erschöpft werden?

---

[15] ▷= Versagen der Feldphysik im weitesten Sinne [so, dass sie auch *Newton*'sche und Atomphysik einschließt, welche gewisse unstetige Grenzfälle der statistischen Feldphysik wären].

[16] Eddington, A. S. (1928) *The Nature of the Physical World.* New York: The Macmillan Company.

3 Quantenmechanik II

290. Die zwei Arten der physikalischen Gesetzmäßigkeiten haben die Eigenschaften:
    A. Eine ist symmetrisch in der Zeit, die andere unsymmetrisch.
    B. ⟨Die⟩ eine⟨n⟩ sind Kausalgesetze, die anderen sind *statist.* Gesetze.
    C. Die einen beziehen sich auf Systeme im *thermodyn.* Gleichgewicht, die anderen beschreiben, wie dieses Gleichgewicht erreicht wird.
    D. Vielleicht: Die einen beschreiben das Verhalten der Welt ohne Eingriff, ? die anderen beschreiben, was auf einen Eingriff von uns aus geschieht?
    Edd. nennt die beiden *causation* und *causality*.[17]
291. Vielleicht ist die Größe von ⟨? Dingen⟩ ein Maß dafür, wie weit ein einzelnes Individuum die Welt „unfreiwillig" beeinflussen kann, d. h. also zugleich, wie viel *Akausalität* in der Welt ist. ⟨page⟩
291. Vielleicht ist Willensfreiheit mit ⟨der⟩ Wirksamkeit von Motiven so vereinbar:
    1. Dieselben Motive werden verschieden wirken bei verschiedenen Personen, und ohne dass das Verhalten der einzelnen vorausgesetzt werden kann.
    2. Selbst, wenn eindeutig zu berechnen ist, was das Motiv bewirken wird, so bleibt der Zeitpunkt der Wirksamkeit unbestimmt und nur statistisch voraussagbar.
292. Haupteinwand gegen ⟨den⟩ Zusammenhang zwischen Willensfreiheit und *stat.* Physik ist, dass man, wenn man ein *Kollekt.* der eigenen Handlungen bildet, dadurch auch jedes ~~stat.~~ bloß *statist.* Gesetz widerlegt (d. h., beliebig unwahrscheinlich machen könnte). Es muss also die Bildung dieses Kollektivs irgendwie ausgeschlossen werden.
293. Unterschied zwischen Elektronen und Personen: In einem Fall ist die Identität nicht festzuhalten, im zweiten Fall ja. ⟨page⟩
294. *Edd., Phys. World* ~~39~~ 293[18]
    1. Der *prim.* Begriff von Ursache und Wirkung ist zeitlich unsymmetrisch. Er fordert, dass durch den gegenwärtigen Zustand die Zukunft bestimmt ist, nicht aber die Vergangenheit. Vielleicht aber nicht einmal die Zukunft, sondern nur: die Zukunft bis auf gewisse immer wieder aus dem Nichts entstehende Willensentschlüsse, deren Wirkung sich wieder immer nur auf die Zukunft erstreckt.
    2. Wenn jemand einen Hebel stellt und das hat eine Wirkung *A*, so ist er überzeugt, dass das Stellen des Hebels die Ursache der Wirkung *A* war[19], weil er selbst sich entschlossen hat, den Hebel zu stellen, und er weiß die Ursachen seines Entschlusses, unter denen weder *A* noch das Stellen des Hebels vorkommen. D. h., es wird vorausgesetzt: Die Ursachen meines Entschlusses sind dieselben Dinge (Ereignisse), deren Vorstellungen beim Entschluss in meinem Bewusstsein sind, nämlich als Erinnerung ⟨page⟩ in meinem Bewusstsein sind, während die zu erzeugenden Ereignisse in

---

[17] Siehe Fußnote 16.
[18] Siehe Fußnote 16.
[19] ▷und nicht umgekehrt.

einer anderen Weise (als Zweckvorstellungen) in meinem Bewusstsein sind. [Welches ist der objektive Unterschied zwischen beiden?]

3. Die Genauigkeit der Voraussage und ihre Unabhängigkeit von eigenen (oder menschlichen) Entschlüssen wird umso größer, je größer die Anzahl der beteiligten Individuen (Atome) ist. Daher die sprichwörtliche Genauigkeit der *Astronomie*.

295. In der Quantenmechanik besteht scheinbar vollständige Symmetrie bezüglich Koordinate und Impuls. Empirisch ist ein Unterschied festzustellen [durch Einwirkung auf das System]. Wie ist das möglich? ⟨Das ist⟩ festzustellen, indem man die quantenmechanischen Deutungsregeln auf den Fall $h \to 0$ anwendet, woraus sich, wenn diese Deutungsregeln richtig sind, von selbst die Frage aufklären muss.

296. Verzweigte Typentheorie kombiniert mit Ordnungsaxiom gibt vielleicht die Möglichkeit, die Widerspruchsfreiheit des Reduzibilitätsaxioms zu beweisen, ⟨*page*⟩ d. h., es ist vielleicht möglich zu beweisen: Wenn dieses System widerspruchsfrei ⟨ist⟩, dann auch das Reduzibilitätsaxiom.

297. Dass man mit dem mengentheoretischen Relativismus Ernst machen muss, ergibt sich daraus, dass scheinbar jede „interne" [d. h. von der Logik, in der sie vorgenommen wird, unabhängige], auch ins transfinite fortgesetzte Konstruktion nach abzählbar vielen Schritten zum Stillstand kommt. [Vielleicht ⟨ist die⟩ Negation der Kontinuumshypothese ⟨als⟩ widerspruchsfrei zu beweisen, wenn man eine interne Konstruktion der reellen Zahlen ~~in einem abzählbaren System~~ in einer abzählbaren Realisierung anwendet.]

Lukagra Wasserverdunster ⟨*page*⟩

298. Meine beiden Vermutungen, dass das Quantenrätsel gelöst werden wird, brauchen:

a.) Übergang zum Komplexen

b.) Verstärkung der Relativierung in dem Sinn, dass gewisse Eigenschaften der Welt [insbesondere Unsymmetrie in der Zeitrichtung] als bloß der Erscheinung angehörig (d. h., eine Beziehung zwischen Welt und Beobachter sind) sich herausstellen werden.

Bestätigung derselben:

a.) Zahlen werden ersetzt durch *Matrizen,* d. h. *hyperkompl.* Zahlen unendlich höherer Ordnung.

b.) Die Erscheinungen sind noch nicht dadurch bestimmt, dass die zu jeder Größe gehörigen *Matrizen* (eventuell als Funktion der Zeit) bestimmt sind, sondern es ist als den „Ort des Beobachters" darzustellend noch der Zustand (Wellenfunktion) bzw. der *Neumann*'sche *stat. Oper.* hinzuzufügen. ⟨*page*⟩

299. Nicht alle Einwirkungen auf die Welt sind Messungseingriffe, und daher können nicht alle durch *Oper.* beschrieben werden. Insbesondere nicht diejenigen Eingriffe, welche schon in der klassischen Physik möglich sind.

298a. Entropiezunahme würde nicht durch Heisenberg'sche Bewegungsgleichungen beschrieben werden, sondern nur durch Änderung des das Verhältnis des Beobachters ausdrückenden „Zustands".
301. Der naturgemäße Aufbau der Mathematik besteht darin, dass die ursprünglich nur für gewisse Bereiche definierten Operationen auf immer größere Bereiche [d. h., für immer neue Werte des Arguments [unter Aufrechterhaltung der allgemeinen Sätze]] verallgemeinert werden. Die immer neuen Argumente sind die Werte der Funktion für frühere Argumente oder die Funktionen selbst. Offenbar kommt man zu Widersprüchen, wenn man annimmt, dass sich alle Operationen immer und mit Aufrechterhaltung aller Gesetze definieren lassen. [Mengentheoretische Antinomien sind zunächst ein Spezialfall, nämlich der für die Operation $\hat{x}(f(x))$ mit dem Gesetz $\langle page \rangle$ $u\varepsilon\hat{x}[f(x)]. \equiv .f(u)$ oder $(\bar{x}f(x))u = f(u).$]

[Ein anderer Spezialfall ist die Unmöglichkeit, durch 0 zu dividieren, und allgemein die Unmöglichkeit, eine mathematische Theorie wirklich glatt zu erledigen.]
Um die Widersprüche zu vermeiden, muss man die Theorie irgendwie ins *Transfinite* bauen. Eine Art, dies zu tun, liefert die Mengenlehre. Diese Methode ist aber einerseits unfruchtbar zum Auffinden der Lösung mathematischer Probleme, andererseits hat sie keinen Zusammenhang mit der Physik. Eine andere Methode, die diese Fehler nicht hat, liegt vielleicht im Aufbau der Analysis und *Matrizen*rechnung.
302. Bezüglich folgender Probleme gibt es scheinbar zwei Lösungen:
a.) *Df.* der Wahrheit   b.) Widerspruchsfreiheitsbeweis
c.) *Axiomatik* der Mengenlehre
Die eine [zirkelhaft] ist zwar als Theorie vollständig korrekt, aber sie $\langle page \rangle$ ist nicht eine Lösung der Aufgabe, die gemeint war, und hilft daher nichts. In a. zur Entscheidung, ob ein Satz $\langle$? wahr$\rangle$ ist, in b. zur Überzeugung von der Widerspruchsfreiheit, in c. zur Präzisierung ~~der Beweise in der Mengenlehre~~ des Mengenbegriffs.
303. Entfernungstäuschung bei Objekten mit periodischer Struktur!
304. Das Prinzip, dass die Lichtgeschwindigkeit das Maximum ist, kann nur formuliert werden, wo der Experimentator mit freiem Willen in die Physik eingeführt wird [d. h. *positivist.*]. Vielleicht ist es ähnlich mit dem Entropiesatz? Und die Wahrscheinlichkeitsannahme, welche ihm zugrunde liegt. Denn sie kann nicht so formuliert werden: Die Welt geht von einem sehr unwahrscheinlichen Zustand zu einem wahrscheinlicheren. Da der Anfangszustand nicht genau beschrieben werden kann, auch nicht durch eine Klasse von Zuständen, von denen er einer ist, sondern nur durch eine Wahrscheinlichkeitsfunktion. Es hat also scheinbar keinen Sinn, nach dem „wirklichen" Anfangszustand der Welt zu fragen. Dieser wird erst durch $\langle page \rangle$ unsere Beobachtung *succ.* festgelegt. Versuch man, die dem Entropiesatz zugrunde liegende Wahrschein-

lichkeitsannahme als eine Eigenschaft der Welt zu formulieren, so stellt sich der Umkehreinwand ein.
305. Zunahme der Zwillingsgeburten nach dem Krieg? *Arch. f. soz. u. Demogr. I, 1926, H.4*[20]
306. A. Wahrscheinlichkeit gedeutet als relative Häufigkeit von Dingen [Ereignissen] mit gewissen Merkmalen in der Welt:
   1.) Dies gibt noch keinen Grund zur Erwartung, dass in einem bestimmten Einzelfall das Wahrscheinliche eintreten wird. D. h., es ist möglich, dass jemand die statistische Gesetze zugibt und trotzdem immer das Unwahrscheinliche erwartet, indem er sich für einen „Ausnahmefall" hält. Und dieses System von Glaube an sämtliche Naturgesetze und Erwartungen ist konsistent.
   2.) Formulierung der statistischen Gesetze wohl im offensten Sinne: Die relative Häufigkeit ⟨page⟩ in der Wirklichkeit ist dieselbe wie ⟨die⟩ relative Häufigkeit der Möglichkeit. [Doch ist diese Formulierung vielleicht nicht exakt zu machen[21], jedenfalls formal.]
   3.) Jedenfalls ist in diesem Fall Glaube an Wissenschaft und unwissenschaftliches Handeln durchaus konsistent, und die Naturgesetze[22] können widerspruchsfrei so erweitert werden, dass dann sogar nur das gegenteilige Verhalten konsistent ist. Diese Erweiterung ist die Negation von „Ich bin kein Ausnahmefall." In diesem Fall ⟨ist die⟩ exakte Formulierung noch schwieriger als bei den Häufigkeitsgesetzen. Wenn Wahrscheinlichkeitsgesetze als relative Häufigkeiten interpretiert ⟨werden⟩, folgt aus ihnen keine einzige Aussage über ein bestimmtes zukünftiges Ereignis, d. h. keine Aussage betreffend der Raumzeitpunkte des fraglichen Ereignisses und keiner anderen Raumzeitpunkte. ⟨page⟩
307. Andere Auffassung der Wahrscheinlichkeit[23] ⟨page⟩
308. *The characteristic of the phenomena that have been successfully predicted is that they are effects depending on the average configurations of vast numbers of individual entities.*[24]
309. Zusammenhang zwischen Erlebnis und Welt ist
   1.) nur *statist.* und
   2.) hängen die Erlebnisse nicht nur von der Welt, sondern auch vom Verhalten ab.

---

[20] Gemeint ist eine Veröffentlichung im *Archiv für soziale Hygiene und Demographie*.
[21] ▷schon deshalb, weil sich die „gleichen" Ereignisse nicht genügend oft wiederholen.
[22] ▷bzw. Erlebnisgesetze.
[23] Der Rest der Seite ist unbeschrieben.
[24] Dieses Zitat stammt aus Eddingtons *The Nature of the Physical World* (siehe Fußnote 16), S. 300.

310. Ableitung der Unbestimmtheitsrelation (und teilweise des *Positiv.*) aus *Statistik:* Da die Übertragung der Wirkung des Körpers auf die Sinnesorgane nur nach statistischen Gesetzen erfolgt, hat es keinen Sinn, von einem bestimmten Ort oder einer bestimmten Masse zu sprechen, sondern nur von der *Statistik* der Orts- (bzw. Massen-) Messungen. D. h., das Ding ist etwas, was nur Wahrscheinlichkeiten produziert. ⟨page⟩

311. Wie hängt die tödliche *R-Dosis* von der Größe des Individuums ab? Vielleicht quadratisch mit der linearen *Dim.*? Vielleicht besteht die Schädigung in einer Schädigung des Zusammenhangs der Teile des Organismus (nicht der einzelnen Zellen), d. h. Schädigung der zugrunde liegenden *Ganzheit, Entelechie.* Bei Zellen in Teilung hat vielleicht die *Ent.* einen weniger starken Zusammenhang mit den Teilen, und daher ⟨ist⟩ dieser Zusammenhang noch leichter zu stören. Die Tötung durch Röntenstrahlen besteht darin, dass „die Seele weggestrahlt wird". Frage: Wie erfolgt der Tod durch die Röntgenstrahlen?

312. Sinn des „mengentheoretischen Relativismus": Es kann nicht absolut definiert werden, was eine „mathematische Menge natürlicher Zahlen" ist, sondern nur stufenweise.
    A. transfinit definierte Mengen
        1. 0. Typs
        2. 1. Typs ...
    B. finit definierte Mengen ⟨page⟩
        1. 0. Typs
        2. 1. Typs ...
    Ebenso kann nicht absolut definiert werden, was ein Beweis ist, sondern nur
    A. transfinit, 0. Stufe, 1. Stufe, ...
    B. finit, 0. Stufe, 1. Stufe, ...
    Die sämtlichen Mengen A, n sind durch Mengen A, $n+1$ abzählbar. Wahrscheinlich auch B, n durch B, $n+1$. Wie steht es mit dem Verhältnis von A. zu B.?

313. Problem: ~~Bei~~ Jede interne Konstruktionen von Mengen kommt nach abzählbar vielen Schritten zum Stillstand. [Eine Konstruktion heißt intern, wenn jeder Schritt nur abhängt von den früher konstruierten Mengen, nicht vom zugrunde liegenden Mengenbereich.] Frage: Gilt dasselbe auch für nicht-interne Konstruktionen? Oder kommt immer, wie immer man „mathematische Menge" definiert, ein abzählbarer Bereich heraus? Oder ist bei jeder vernünftigen Definition ⟨page⟩ von „mathematischer Menge" die Annahme, dass es nicht-mathematische Mengen gibt, widerspruchsfrei?

314. Um gesetzmäßige (mathematische) Mengen in irgendeinem absoluten Sinn zu definieren, muss man voraussetzen, die absolute Reihe der Ordinalzahlen sei

gegeben²⁵, und man betrachtet die Systeme, deren Individuen die Ordinalzahlen bis zu einer bestimmten (α) sind, und welches darauf eine Typen-*Hierarchie* bis etwa α aufbaut [wobei α ebenfalls transfinit sein kann und in diesem Fall durch eine Variable mit einem der Dinge als Index zu kennzeichnen ist]. Frage: Kann man von einem dieser Systeme beweisen, dass es alle Mengen von natürlichen Zahlen enthält, oder kann man zu jedem System beweisen, dass es nicht alle solchen Mengen enthält, oder ist eine dieser beiden Annahmen wenigstens widerspruchsfrei? ⟨page⟩

315. Der Raum ist nicht das Gerüst der Natur, sondern das Gerüst unserer Sinneswahrnehmungen. (*Jeans*)²⁶

316. Die Unbestimmtheitsrelation kann nur *stat.* (bezogen auf ein Kollektiv von Messungen) formuliert werden. (*v. Mises*)²⁷

317. Die Maschine, welche eine Diagonalfolge einer ~~Folge gesetzmäßiger~~ gesetzmäßigen Maschine konstruiert, wäre eine solche, welche immer mehr Organisation aus unorganisierter Materie hervorbringt, also etwas ähnliches wie ein „Keim".²⁸

318. Begriffe und Verfahrensweisen (= Regeln der Anwendungssprache) kann man sehr deutlich trennen in scharfe und nicht scharfe [mathematisch-logische und empirische]. Die Sprache der Physik ist vielleicht in zweifacher Hinsicht unexakt. 1.) Keine exakten Begriffe und daher keine exakte „Axiomenregel" [wobei Konstativen zu Axiomen gerechnet werden], aber auch keine exakten Schlussregeln. ⟨page⟩

Zusammenhang zwischen statistischen und Einzel-Sätzen! [Bei Reichenbach ⟨ist⟩ die zweite Art der Unexaktheit weggeschafft.] Was ist eigentlich das innere Wesen dieses Unterschieds, und woher kommt er? Wie verhält sich der Satz: Es gibt prinzipiell unpräzisierbare Begriffe und Verfahrensweisen – zum Satz: Es gibt prinzipiell nicht²⁹ formulierbare Sachverhalte, nämlich z. B.:

1.) Ich bin $K.G.$

2.) Jetzt ist mir kalt, jetzt geht die Sonne auf, jetzt ist es 12 h, 27./VI.1935.

Die Trennung der Welt in verschiedene Subjekte (= räumliche Trennung?) ist bloß ein anderer *Aspect* der Trennung der Welt in verschiedene Zeitpunkte.

320. Bohr: Elektronen kausal, Strahlung statistisch, 1.)

Heisenberg: Elektronen statistisch, Strahlung kausal, 2.)

Die *Entitäten* jeder Theorie geben die Wahrscheinlichkeit für die andere. ⟨page⟩

---

²⁵ ▷Wobei jede Ordinalzahl nicht eine geordnete Menge, sondern bloß ein Ding ist, das zu anderen ebensolchen Dingen in gewissen Relationen (R) steht.

²⁶ Vermutlich handelt es sich um eine Bemerkung aus Jeans, J. (1933) *The New Background of Science* (New York: Macmillan Company). Das Dokument *Literatur Physik* (siehe Kap. 8) listet dieses Werk auf, das auf S. 97 eine entsprechende Bemerkung enthält.

²⁷ Vermutlich: von Mises, Richard (1928) *Wahrscheinlichkeit, Statistik und Wahrheit*. Wien: Springer.

²⁸ Mit dieser und der entsprechenden Bemerkung im Aflenz-Buch beschäftigt sich Lethen (2020).

²⁹ ▷intersubjektiv und zeitlos.

3 Quantenmechanik II

1. *Spin*
2. *Entropies.* und *Quantenmech.*
3. *Gruppenth.*
4. *Disk. d. Messung.*
5. *Proj. Rel. Theorie, Weyl*'sche Theorie
6. *II. Quantisierung*
7. *Bew.*, dass *Vert-Rel.* hinreichend sind.
8. *Lichttheorie* ⟨*page*⟩

Weyl, v. Neumann[30], *Dirac, Jordan*
  [*Eddington*, neues Buch] ⟨*page*⟩

Spin

A. *Euklidische* Theorie
  1. *Dirac* Gleichungen
  2. Matrizen, welche den verschiedenen Größen entsprechen [Ort, Geschwindigkeit, Bahn, Drehimpuls, Spin, Energie, *kin. Energie*]
  3. Verhalten bei Lorentz-Transformation
  4. Lösungen für den Fall der Zentralkräfte (Feinstruktur und anomaler Zeeman-Effekt)
  5. Lösungen für eine *Pot.-*Schwelle (*Polarisat.*)
B. Allgemeine relativistische Theorie
  1. Interpretationsschema (allgemein). Was bedeutet Messung einer Größe zu einer bestimmten Zeit?
  2. Gleichungen der Wellenfunktion für ein Elektron in einem beliebigen elektrischen und Gravitationsfeld.
  3. Interpretationsschema speziell. Welches sind die den verschiedenen Größen entsprechenden Operatoren. Und Beispiele. ⟨*page*⟩
C. Klassische Spin-Theorie
  1. Klassische Gleichungen für rotierende Elektronen (insbesondere Zusatzglied zur Energie nach *Thomas*)
  2. Matrizen eingeführt
      I durch Vertauschungsrelationen
      II in einer der Schrödinger'schen analogen Weise
      III Welche Matrizen den verschiedenen Größen zugeordnet?
      IV Feinstruktur und Zeeman-Effekt
  3. Verhältnis zur *Dirac*'schen Theorie ⟨*page*⟩

---

[30] ▷auch Abhandlung.

321. Falls ⟨die⟩ Widerspruchsfreiheit der *Kont-Hyp.* nach meinem Verfahren überhaupt beweisbar ⟨ist⟩, dann in folgender Weise: Beispiel 2. Typs (Klassen von Klassen von Zahlen, dafür Variablen). Es handelt sich darum, bis zur Abgeschlossenheit der *impräd.* Verfahren 2. Stufe so zu erweitern, dass bei jeder Erweiterung die sämtlichen bisher konstruierten Mengen 2. Stufe ein eindeutige Abbilder sind auf Ω, sodass die zugehörige ε-Relation normal ist [d. h., jeder abzählbare Teil schon in der Konstruktion bis Ω enthalten ist]. Falls nun eine Erweiterung nicht abgeschlossen gegen *impr.* Verfahren 2. Stufe ⟨ist⟩, gibt es einen Ausdruck, der eine neue Klasse 2. Stufe darstellt. Vermöge der Quantifikation dieses Ausdrucks [d. h. die zugehörige *Skolem*'sche Funktion $f_i(\ )$] wird eine Abbildung sämtlicher bisher konstruierter x_2 auf Ω geliefert, welche vermutlich normal ist [weil schon ausdrückbar durch einen Ausdruck anderer Stufe]. ⟨page⟩

321. ⟨führt⟩ vielleicht durch Kombination des rekursiven Definitionsverfahrens mit dem auf Quantoren begründeten eher zu Ziel.

322. Eine „pos." Theorie der Wirklichkeit hat wahrscheinlich folgende Struktur: Grundelemente: die unendlich vielen „Gesichtspunkte". Diese zerfallen in wirkliche Gesichtspunkte und mögliche Gesichtspunkte. [Die ersten sind solche, in denen sich tatsächlich eine Monade befindet.]

I Zwischen den verschiedenen wirklichen Gesichtspunkten bestehen Beziehungen.

a.) Die Gesichtspunkte A und B sind [in der Richtung $A \to B$] durch Erinnerung verbunden, d. h. insbesondere, sie gehören derselben Monade an.

b.) Die Gesichtspunkte A, B sind nahe bzw. sind fern voneinander. [D. h., das Bild, welches die Welt für sie bietet, ist mehr oder weniger ähnlich.], etc.

II Jedem Gesichtspunkt ist zwischengeordnet ein „Bild der Welt", dargestellt ⟨page⟩ durch ein gewisses Funktionensystem. Die Axiome

III Die Axiome der Physik sagen aus, dass zwischen zu verschiedenen Gesichtspunkten gehörigen „Bildern" verschiedene Beziehungen bestehen, falls diese Gesichtspunkte in bestimmter Weise durch Relationen I verknüpft sind.

Fasst man die klassische Physik *positiv.* auf, so sind die Gesichtspunkte die Raumzeitpunkte.

I Die Relation a ist Verbundensein durch eine Weltlinie. Die Relation b ist teils topologisch, teils durch die Massenform ausgedrückt.

II Die „Bilder" der Welt sind die Werte der Zustandsgrößen im betreffenden Raumzeitpunkt. Insbesondere wenn man die Welt als Strahlungsfeld betrachtet, so ist die Richtungs-*Intens.*-Funktion des Strahlungsfeldes im Punkt A direkt = *Int.*-Verteilung des Netz- ⟨page⟩ ⟨? haut⟩ Bildes eines Auges in A.

323. Der Unterschied des Formalismus der Quantentheorie gegenüber ⟨der⟩ klassischen Physik besteht darin, dass die Grundrelationen der Gesichtspunkte nicht so einfach sind wie die Relationen der Raumzeitpunkte. Diese sind vielmehr

nur ein *approx.* Schema der Relationen der Gesichtspunkte. Was im früheren Schema nicht berücksichtigt ist, ⟨ist⟩ hauptsächlich

1.) die Tatsache des Gedächtnisses, d. h., es gibt eine Relation der Überordnung von Gesichtspunkten, welche darin besteht, dass das frühere Bild in dem übergeordneten irgendwie „enthalten" ist,

2.) die Tatsache der Willensfreiheit, d. h. die Tatsache, dass jedes Erlebnis[31] aus zwei Teilen besteht, einem willkürlichen, nämlich ⟨page⟩ die augenblickliche *Intention,* Einstellung, Willensanspannung, Aufmerksamkeitsanspannung, und einem unwillkürlichen [gewissermaßen von außen kommenden], nämlich der Eindruck [Sinneseindruck]. Der erste Teil kann willkürlich geändert werden, der zweite nicht. Wissenschaftliche Aussagen sind immer *konditional* mit dem ersten Teil als Vorderglied. Kompliziertere Aussagen sagen etwas über das Resultat der Anwendung eines Verfahrens aus, wobei ein Verfahren eine berechenbare Funktion ist, welches ⟨sic⟩ jedem endlichen Abschnitt von [zweiteiligen] Erlebnissen eine *Int.* für das nächste Erlebnis zuordnet in der Weise, dass man auf jeden Fall nach endlich vielen Schritten zum Ende kommt. ⟨page⟩

324. Die Formalisierung der Konstatierungen ist für die theoretische Physik nicht nötig, da diese weitgehend von unserer speziellen Sinnesorganisation abhängen, und die physikalische Theorie für beliebige Wesen gelten muss. Man kann sie daher ohne Schaden *schematisieren.* Man kann vielleicht sagen, die fehlende 5. Dimension des Raumes ist die Willensfreiheit oder das Gedächtnis. Der Zusammenhang zwischen *pos.* Weltbild [die Welt besteht aus Empfindungselementen] und physikalischem Weltbild [die Welt besteht aus raumzeitlichen Zustandsgrößen] ist viel inniger, als man ursprünglich denken könnte, indem die Empfindungen direkt identifiziert werden können mit den Zustandsgrößen an dem Raumpunkt, der der „Gesichtspunkt" des Individuums ist. Daher kann vielleicht die Struktur der Zustandsgrößen direkt durch Selbstbeobachtung bestimmt werden. Insbesondere hängt das Problem, die richtigen Gesetze für die Materie (= Monade) zu finden ⟨page⟩ damit zusammen, das Verhalten des Willens rational zu beschreiben. Ebenso vielleicht die korrekte Ableitung des Entropiesatzes, damit das Verhalten des Gedächtnisses zu beschreiben. Die beiden hängen zusammen, indem vielleicht Gedächtnis : Vergangenheit = freier Wille : Zukunft. Die Aufklärung des Problems des Willens und Gedächtnisses ist identisch mit der Aufklärung des Verhältnisses von *subj.* und *obj.* Definition der Zeitrichtung. Falls das Gedächtnis schon bei den Prim-Monaden eine Rolle spielt, so auch die *Induktion* (als Beschreibung des Verhaltens von Organismen). Es wäre dann vielleicht möglich, Kausalität aus *Ind.* zu erklären [statt umgekehrt wie bei *Darwin*]. Eine andere Erklärungsmöglichkeit der Kausalität liegt in den Abbildungsrelationen zwischen den Bildern der verschiedenen Monaden. [Dies ist wiederum die Umkehrung der Erklärung der Entstehung der Bilder durch Ein-

---

[31] ▷d. h. „Bild".

wirkung seitens der Objekte.] Die psychische Tätigkeit ist mittels der Terme „Abbildung der Welt" und danach „handeln" noch nicht beschrieben. Es wird außerdem „vorgestellt" [= phantasiert], d. h. „Annahmen" gemacht, d. h. ⟨page⟩ neben den Bildern der Wirklichkeit Bilder von gleicher Charakterform, die aber nicht Bilder der Wirklichkeit sind, sondern *spontan* gebildet werden in ähnlicher Weise, wie die Handlungen *spontan* gesetzt werden. D. h., das Vorstellungsorgan ist etwas ganz ähnliches wie die Muskeln. Dem messenden Eingriff entspricht: das Richten der Aufmerksamkeit auf etwas Bestimmtes. Dem verändernden Eingriff entspricht: Betätigung der Muskeln. Denken = Vorstellen und Richten der Aufmerksamkeit auf gewisse Teile der Bilder. Daher ⟨ist⟩ jeder *psych.* Akt = Wahrnehmen, Vorstellen, Handeln (= Innovieren) oder = Aufmerksamkeit Richten.

Was wahrgenommen wird, ist nicht durch den raumzeitlichen Gesichtspunkt allein bestimmt. [Aufmerksamkeitsrichtung ⟨ist⟩ eine weitere Dimension.] Vorstellungsvermögen = Versuchslaboratorium zur Auswahl der Handlungen. Ein Satz über Wirklichkeit ist ein Teil (Zug) des Bildes der Wirklichkeit, auf den die Aufmerksamkeit *separat* gerichtet wird.

325. Es ist wahrscheinlich nicht möglich, die Sätze, nach denen das menschliche Gehirn funktioniert, zu verstehen. Vielleicht allgemeinere Sätze. Wenn ein Gehirn ~~ein Gesetz verstehen kann~~ eine Maschine verstehen kann [womit nicht gesagt ist, dass er sie in allen Teilen überblicken kann], so gehorcht dieses Gehirn einem anderen Gesetz. Aus der Feldphysik würde folgen, dass die Gesetze des Gehirns verstanden werden können. (Also ⟨ist die⟩ Feldphysik falsch.) Das ist eine andere Wendung des *Paradoxons* zum freien Willen.

326. Zu behaupten, dass bei einer Größe mit lauter einfachen Eigenwerten durch Messung die nachherige *Stat.* eindeutig festgelegt ist, bei Größen mit mehrfachen Eigenwerten aber nicht, ist eine Inkonsequenz. Versteht man unter Messung der Größe jede Einwirkung, welche die Größe abzulesen gestattet, so gilt es in keinem Fall, bei Beschränkung auf bestimmte Messverfahren in beiden Fällen.

327. Sei ein beliebiges Zustandsgemisch mit dem Operator U gegeben. [Das Gemisch bestimmt U eindeutig, aber nicht umgekehrt.] Und es werde eine Messung einer Größe mit dem Resultat k ausgeführt. Kann man dann eindeutig einen statistischen *Op.* U' bestimmen, den man nach der Messung mit dem Resultat k zuzuordnen hat? Falls das ursprüngliche Zustandsgemisch ein Zustand φ ist und E der zur Messung mit ⟨dem⟩ Resultat k gehörige lineare Unterraum, so ist U' der Zustand, welcher durch Projektion von φ in E entsteht [$\varphi' = \frac{E\varphi}{|E\varphi|}$]. Falls das Zustandsgemisch aus $\varphi_1 \ldots \varphi_n$ [~~$\Sigma a_i = 1$~~] im Verhältnis $a_1 \ldots a_n$ besteht, so das neue Gemisch nach der Messung aus $\frac{E\varphi_1}{|E\varphi_1|}, \frac{E\varphi_2}{|E\varphi_2|} \ldots \frac{E\varphi_n}{|E\varphi_n|}$ im Verhältnis $a_1|E\varphi_1|^2 \ldots a_n|E\varphi_n|^2$. ⟨page⟩

Frage: Falls $\begin{matrix} a_1 \ldots a_n \\ \varphi_1 \ldots \varphi_n \end{matrix}$ und $\begin{matrix} b_1 \ldots b_m \\ \psi_1 \ldots \psi_m \end{matrix}$ denselben statistischen Operator haben, haben dann auch $\begin{matrix} \frac{E\varphi_1}{|E\varphi_1|} \ldots \frac{E\varphi_n}{|E\varphi_n|} \\ a_1|E\varphi_1|^2 \ldots a_n|E\varphi_n|^2 \end{matrix}$ und $\begin{matrix} \frac{E\psi_1}{|E\psi_1|} \ldots \frac{E\psi_m}{|E\psi_m|} \\ b_1|E\psi_1|^2 \ldots b_m|E\psi_m|^2 \end{matrix}$

denselben Operator?
$U\mathfrak{w} = a_1\varphi_1(\varphi_1\mathfrak{w}) + \ldots + a_n\varphi_n(\varphi_n\mathfrak{w}) = b_1\psi_1(\psi_1\mathfrak{w}) + \ldots + b_n\psi_n(\psi_n\mathfrak{w})$
$a_1 E\varphi_1(E\varphi_1\mathfrak{w}) + \ldots \stackrel{?}{=} b_1 E\psi_1(E\psi_1\mathfrak{w}) + \ldots$
$(E\varphi, \psi) = (\varphi, E\psi)$
Ja, denn: *Bew.*:
$E(a_1\varphi_1(\varphi_1 E\mathfrak{w}) + \ldots) = E(b_1\psi_1(\psi_1 E\mathfrak{w}) + \ldots)$
$a_1 E\varphi_1(E\varphi_1\mathfrak{w}) + \ldots = b_1 E\psi_1(E\psi_1\mathfrak{w}) + \ldots$ ⟨*page*⟩

Wie kann man das Gesetz, wie man aus früheren Messungen Ergebnisse auf die Wahrscheinlichkeit späterer schließen kann, ohne Verwendung von „Zuständen" im allgemeinen Fall ausdrücken? In dem speziellen, wo es sich um Wertmessungen zweier *v. Sy. kom.* Größensysteme ⌊(*A*, *B*)⌋ handelt, kann man so vorgehen: Man wählt zwei Systeme 𝔖, 𝔗, in denen *A*, *B* diagonal im schärferen Sinne ist. ~~Dann ist~~ Wenn dann $a_{ik} = (\mathfrak{S}/\mathfrak{T})_{ik}$, so ist $|a_{ik}|^2$ die Wahrscheinlichkeit, bei Messung von *B* das Ergebnis *k* zu erhalten, wenn man vorher bei Messung von *A* das Ergebnis *i* erhalten hat.

328. *Problem:* Was ergibt sich, wenn man von sämtlichen *Observablen M* die Koordinaten $M^{\mathfrak{S},\mathfrak{T}}$ betrachtet, wobei in 𝔖 die q_i und in 𝔗 die p_i diagonal sind? Insbesondere:
    1.) Wenn *H* eine physikalische Größe ist, in welchem Zusammenhang ⟨steht⟩ die Funktion $H(q_i p_i)$ zur Funktion durch ⟨*page*⟩ die $q_i p_i$, durch welche die Größe *H* gegeben ist?
    2.) Wie sehen die Bewegungsgleichungen und
    3.) die stat. Interpretation in diesem Koordinatensystem aus?
329. Die Frage, wie der Begriff des Vektors, Koordinatensystems, *etc.* zu verallgemeinern ist, muss ~~sich~~ ⟨durch⟩ einen konkreten Satz entschieden werden. Insbesondere:
    1.) Für jeden Eigenwert ein Vektor, sodass $0\mathfrak{v} = \langle ? a \rangle \mathfrak{v}$.
    2.) Zwei Systeme von Operatoren, die ⟨? den⟩ Vertauschungsrelationen genügen, sind äquivalent.
    3.) Zusammenhang zwischen kanonischen und orthogonalen Transformationen.
330. ⟨Die⟩ Quantenmechanik muss ergänzt werden durch Einführung von Operatoren für das Verhalten, überhaupt wo für den Messenden Verhalten [= Verhalten mit minimaler Störung] nur ein Spezialfall ist.
331. Messgrößen ⟨sind⟩ nicht alle gleichwertig, ⟨dadurch,⟩ dass manche unmittelbar messbar sind, manche nicht. Der Übergang vom ⟨*page*⟩ *Solipsismus* zur objektiven Welt findet bei *pos.* Formulierung dadurch statt, dass nicht unmittelbar messbare Größen eingeführt ⟨werden⟩ [durch *Interpol., Extrapol., etc.*].
332. Die rein *pos.* Beschreibung der Physik besteht darin, dass jede Folge von Verhaltensweisen samt zugehöriger Folge von Empfindungen eine Wahrscheinlichkeit der zu einer folgenden Verhaltensweise gehörigen Empfindung zugeordnet wird. Um von diesem allgemeinen Schema zum Spezialfall der Zuordnung, die durch *Hermite*'sche *Matrizen* gegeben ist, zu kommen, müssen vor allem Wahrscheinlichkeiten gewisser Annahmen über die „Gleichwertigkeit" gewisser Größenscharen eingeführt werden, worunter zu verstehen ist die Exis-

tenz einer ein-eindeutigen Zuordnung zwischen den Größen, durch welche die Grundoperatoren F (= Zuordnung der Wahrscheinlichkeit) in sich übergehen. D. h., irgendwelche Annahmen über die *Homogenität* des Größensystems. ⟨*page*⟩

333. Durch unmittelbar messbare Größen ist auch ein besonderes Koordinatensystem ausgezeichnet (das *Solips.* Koordinatensystem).

334. *Math. Problem:*

I Gegeben sei eine quadratische Matrix a_{ik} mit $\sum_i a_{ik} = \sum_k a_{ki} = 1$, $a_{ik} \geq 0$. Ist es richtig, dass es höchstens eine unitäre Matrix gibt, sodass: $a_{ik} = |\alpha_{ik}|^2$? Höchstens eine bedeutet dabei, dass wenn α_{ik}, β_{ik} zwei verschiedene sind, dass dann entweder $\alpha_{ik} = \varepsilon_i \eta_k \beta_{ik}$ oder $\overline{\alpha_{ik}} = \varepsilon_i \eta_k \beta_{ik}$, $|\varepsilon_i| = |\eta_i| = 1$.

II Wie ist der Begriff der unitären Matrix zu verallgemeinern, damit es immer genau eine gibt? Vielleicht indem man die *kompl.* Zahlen durch Quaternionen ersetzt? ⟨*page*⟩

335. Die Entwicklung der Physik besteht zum großen Teil in der „*Unifizierung*" verschiedener Größen. Z. B.:

Maxwell: Licht = elektromagnetische Welle

Einstein: Trägheit = Gravitation, Zeit = Raum, [Masse = Energie], Elektrizität = Gravitation

Mit „Unifizierung" ~~kann gemeint~~ von A und B kann gemeint sein: Was dem einen als A erscheint, erscheint dem anderen als B. So ist es bei Raum = Zeit und teilweise mit Trägheit = Gravitation[32] durch Anwendung beschleunigter Koordinatensysteme. Objektiv bedeutet es, dass die Gesetze für beide Größen A und B genau die gleichen sind. Z. B. im Fall *Grav. Elektriz.* kommt man nicht über diese Feststellung hinaus. Dies ist aber eine ⟨*sic*⟩ durch die Art unserer Einbettung [d. h. insbesondere durch die begrenzte Möglichkeit der Einwirkung] bedingter Umstand. In gewissen Fällen ⟨*page*⟩ [bei Raumzeit] können wir uns tatsächlich in eine solche *Sit.* begeben, dass dasselbe, was früher als Raum empfunden wurde, jetzt als Zeit empfunden wird. Bei Gravitation und Trägheit ist es bereits praktisch unmöglich. [Man kann praktisch kein dauernd fallendes ⟨? Lot⟩ konstruieren.] In anderen Fällen ist es ⟨?gänzlich⟩ unmöglich [*Elektr. Grav.*]. Bei einer Pflanze z. B. wäre schon im Falle Raumzeit eine Unmöglichkeit gegeben.

In der Quantenmechanik (Transformationstheorie) scheint der Gedanke zu sein: jede Größe = jede andere. D. h., die Gesetze sind symmetrisch in allen Größen (was sich darin ausdrückt, dass jede auf die Diagonalform gebracht werden kann). Trotzdem ist es natürlich nicht möglich, sich in einen solchen Zustand zu versetzen, dass eine beliebige Größe dann wie früher eine beliebige andere empfunden wird. Die Quantenmechanik beinhaltet auch eine Verallge-

---

[32] ▷Auch bei Licht = elektromagnetische Welle, da die Wellenlänge durch das Koordinatensystem geändert wird.

meinerung der Koordinatensysteme, insofern z. B. die physikalischen Gesetze ausgesprochen werden können in Bezug auf ein ⟨page⟩ Koordinatensystem, in dem die Impulse diagonal sind und dann formal genau gleich laufen wie in einem anderen. Der leitende Gedanke bei einer *a priori* Ableitung der Quantengesetze müsste sein, dass sie invariant sein sollen gegenüber einer so allgemeinen Koordinatentransformation. Die Grundtatsache unseres Verhältnisses zur Welt ist, dass sehr viele Dinge, die im Grunde dasselbe sind, uns als gänzlich verschieden erscheinen (z. B. mein Schmerz und der Schmerz des anderen). Die natürliche Verallgemeinerung scheint zu sein, dass im Grunde alles dasselbe ist und uns nur verschieden erscheint [was in der Transformationstheorie durchgeführt ist].

336. Verschiedenes deutet darauf hin, dass der Größenbegriff verallgemeinert werden muss.
   1. Manche Größen ⟨sind⟩ überhaupt nicht durch *Matrizen* ausdrückbar, z. B.
      1.) die Raumkomponente des Wahrscheinlichkeitsvektors in der *Dirac*-Theorie, ⟨page⟩
      2.) der ~~Mittelwert~~ zeitliche Mittelwert einer Größe.
   2. Gewisse Einwirkungen ⟨sind⟩ nicht nach dem allgemeinen Schema ausdrückbar, z. B. die *v. Neum.* Einwirkung, Messeingriffe ohne Beobachtung des Resultats.
   3. Allgemeinere Einwirkungen, welche Veränderungen, nicht bloß Beobachtungen sind.
337. Ist in dem *pos.* Schema eine Folge von Beobachtungen (ausgehend vom Nicht-Wissen) immer äquivalent mit einer Beobachtung? [Und mit welcher?]
338. Nachschauen:
   A. Ist jede quadratisch integrierbare Funktion = einer ⟨?⟩ stetig oder wenigstens *Baire*'sche Funktion 1. Klasse?
   B. Bedingungen für ein *Orthog.*-System ~~damit~~ ⟨page⟩ und eine Funktion, damit diese sich in eine (gleichmäßige) Reihe danach entwickeln lassen [für Funktionen wahrscheinlich *Diff.*], und Bedingungen für das orthogonale System, damit jede stetige Funktion gleichmäßig *approximiert* werden kann.
   C. Schiefwinklige Koordinatensysteme im Hilbert'schen Raum [d. h. Charakterisierung deren Vektorensysteme, nach denen jeder Vektor eindeutig entwickelt werden kann]. Untersuchung derjenigen Operationen, welche jedes solche System in ein solches überführen. (Vielleicht gehört $\frac{d}{dx}$ dazu.)
339. Nachsehen, was *Prof.* in *Princeton* lesen.
   Nachsehen: Buch kontinuierliche Gruppen, insbesondere Transformationseigenschaften der Gruppenkeime. Und: Gibt es nur endlich viele kontinuierliche Gruppen? ⟨page⟩ Nachsehen: Transzendenter Beweis quadratischer *Rez. Ges. Eddington, Nature, p.138–145,* diskutiert, warum Raumkrümmung ohne Masse überall gleich sein muss.
   Nachsehen in *Minerva:* berühmte Professoren aus Mathematik und Physik an verschiedenen Universitäten, Vorlesungen *Princeton.*
   Nachsehen: Englisch-Wörterbücher in Universitätsbibliothek,

Universitätsbibliothek: Tolstoi, ~~Seh~~ Shaw über Russland
Nachsehen: *Dixon Algebren*
Nachsehen: *Böcher, Eisenhart kont. Gr.*
Rothe, Encycl. Geom. sehr gut
IIIc 5–7 algebr. Fläche
III 1;2 Quaternionen, Rothe sehr gut
II 1;4 ⌊*[Sem.: II2 4–5]*⌋ *Kont. Gruppen* ⟨*page*⟩
Math. Wörterbuch
Uniformisierung in höheren Dimensionen
kan. Parameter in Gruppen
Englisch-Wörterbücher, mathematisches Wörterbuch

340. Bedeutung des freien Willens und Möglichkeit seiner widerspruchsfreien Vereinigung mit *Det.*
Die Welt an sich ist völlig bestimmt und in allen Einzelheiten *a priori* berechenbar. Nicht bestimmt dagegen ist der Gesichtspunkt, von dem aus ich die Welt sehe. [Z. B. sind zwei verschiedene Gesichtspunkte: ich heute, ich vor 10 Jahren. Oder andererseits: ich heute und die Person A heute.] Das Fortschreiten der Zeit besteht darin, dass sich der Gesichtspunkt ändert. Der Gesichtspunkt ist teilweise von außen (Schicksal) bestimmt, teilweise (in sehr geringem Grad) durch meinen Willen. Insofern er durch ⟨*page*⟩ Schicksal bestimmt ist, haftet ihm das *Attribut* der „Rätselhaftigkeit und des Geheimnisvollen" an. Durch *Training* ⟨ist⟩ eine größere Abhängigkeit vom Willen erreichbar (Fakirismus). [Schon durch Technik: leichtere örtliche Verlegung des Gesichtspunktes.] Im Allgemeinen ist die Folge der möglichen Gesichtspunkte [zwischen denen ich zu wählen habe] durch ein Verzweigungsschema in der Richtung wachsender Zeit gegeben. Erinnerung könnte aufgefasst werden als eine Möglichkeit, den Gesichtspunkt aus diesem Schema heraus in die Vergangenheit zu verlegen. [Beispiel einer Theorie der Erinnerung von anderer Struktur als die mathematische „Spurtheorie".] [⟨gestrichen⟩ Die „objektive" Welt ist die Zusammenfassung aller möglichen Gesichtspunkte und aller möglichen Gesichtspunktfolgen. [Eine Folge ist etwas, was einer Person angehört.]]³³
Anm. 1: Zunächst ist eine ⌊mögliche⌋ Person nur eine Menge von Gesichtspunkten. Wieso bekommt diese Menge eine Struktur (Ordnung)? Hängt zusammen mit Anm. 2, dass ein Gesichtspunkt *A* irgendwie als „Objekt" eines anderen Gesichtspunktes auftreten kann: *B* später als *A*, wenn *A* Objekt von *B*, aber nicht umgekehrt. ⟨*page*⟩
Das Phänomen der Zeit besteht

1. darin, dass eine ⌊mögliche⌋ Person nicht ein Gesichtspunkt, sondern eine Menge von solchen ist,
2. dass die Relation des „Objekt-Seins" *assym.* ⟨*sic*⟩ ist, oder wenigstens besteht eine Person nur aus solchen Gesichtspunkten, für welche das zutrifft, und zwar aus einer möglichst großen Menge. Dies ⟨ist⟩ übrigens vielleicht

---

[33] ▷im Sinne von anschaulicher *Reprod.* des Erlebnisses.

nur Charakteristikum derjenigen Personen, welche unserer Beobachtung zugänglich sind. [Vielleicht gibt es andere Existenzformen, z. B. mit zweidimensionaler Zeit, *etc.*]

Anm. 2: Die Gesichtspunkte stehen in einer Relation des „Objekt-Seins zueinander". Diese kann auch gegenseitig bestehen, z. b. wenn zwei Menschen einander gleichzeitig wahrnehmen. Wenn ich mich in den Spiegel schaue, so besteht die Relation zwischen diesem Gesichtspunkt und sich selbst. Worin besteht die Relation des „Objekt-Seins"? Zu jedem Gesichtspunkt gehört ein „Bild der Welt" oder wenigstens eines Teils der Welt. Sobald also die Welt = Menge der Gesichtspunkte (samt Relationen zwischen ihnen) ist, gehört also zu jedem Gesichtspunkt eine Menge anderer [seine Objekte]. ⟨*page*⟩
Wenn in erster Näherung Gesichtspunkt = Raumzeitpunkt, so sind die „Objekte" eines Punktes P die Punkte der *passiv.* Vergangenheit. [Sodass also die Relation genaugenommen *assym.* ⟨*sic*⟩ ist.] Offenbar gibt es einen Gesichtspunkt, der sämtliche Gesichtspunkte als Objekt hätte. Identifiziert man in erster Näherung „Person" mit „Weltlinie", so gilt: Jeder Gesichtspunkt ist Objekt eines Gesichtspunktes ⟨+ ist Objekt eines Gesichts⟩ von A, falls A eine beliebige Person ist. In der wahren Theorie wird das nicht der Fall sein, weil durch eine bestimmte Handlungsweise immer gewisse Gesichtspunkte niemals meine Objekte werden, nämlich diejenigen, welche es durch entgegengesetzte Handlungsweise geworden wären. Darin liegt vielleicht der Grund für die 5-Dimensionalität der Welt. Wenn eine Person eine ⟨ge⟩wisse Weltlinie in dieser 5-dimensionalen Welt ist, so gehört zu jeder ein 3-dimensionaler „Gesichtsraum", also zu der ganzen Person ein gewisser 4-dimensionaler Teilraum. Beim Begriff einer Person ist zu unterscheiden zwischen „möglicher" Person und „wirklicher Person". Nicht je zwei mögliche Personen „passen zusammen" ⟨*page*⟩ Die Menge der wirklichen Personen muss eine Menge von „zueinander passenden" Personen sein. [Dies ist das Wechselwirkungsproblem der Teilchen.] D. h., die Frage, ob eine Menge eine mögliche Person ist, ist so zu verstehen, ob sie ergänzt werden kann zu einer vollständigen möglichen Menge von Personen. Je nach dem, ob die Ergänzung auf viele oder wenige Arten möglich ist, wird man von einer Wahrscheinlichkeit sprechen.

Beweis, dass eine Theorie unter Umständen die Entschlüsse beeinflussen kann: Die Theorie, dass meine Handlungen nur darin bestehen, dass ich mir den einen oder anderen Teil der Welt „ansehe", nimmt den Handlungen jede Verantwortlichkeit. Z. B.: Wenn ich dem A etwas Böses tue, so wird dadurch nicht ein Leid des A geschaffen, sondern ich habe auf jeden Fall einen A mit Leid und einen ohne Leid, und ich entschließe mich, den mit Leid anzusehen. Frage: Beziehen sich die Willens-*Intentionen* auf Erlebnisse oder auf die theoretischen Konstruktionen hinter den Erlebnissen? ⟨*page*⟩ Offenbar das Letztere. Daher können zwei *pos.* ununterscheidbare Theorien andere Verhaltensweisen im Gefolge haben. Die Frage, welche der beiden Theorien richtig ist, ist dann eine *ethische,* weil das konkret Fassbare an dieser Frage sich reduziert auf die

Verhaltensweisen. [Diese können als *Df.* der „sinnlosen" Termini genommen werden.]

Der Gesichtspunkt bestimmt eindeutig das Bild der Welt. Wenn wir nichts tun, bewegen wir uns in einer gewissen Bahn, die sich aber nur *stat.* vorhersagen lässt. [Das Geleise ist holprig.] Wir können den Wagen bis zu einem gewissen Grad steuern, aber nur mit sehr rohen Hebeln, sodass das Resultat ebenfalls nur *stat.* bestimmt ⟨ist⟩. Die objektive Welt ist das, welches für jeden Gesichtspunkt ein „Bild" bestimmt. [Und da ⟨+ man⟩ es vielleicht genügt, die entsprechenden Bilder der Gesichtspunkte zu bestimmen, kommt man vielleicht ohne „Welt" aus.] Jedem Gesichtspunkt entspricht irgendwie ein Koordinatensystem. Was oben „Schicksal" genannt ⟨*page*⟩ wurde, entspricht genau dem Zufall in der Quantenmechanik. Das Kriterium für die Möglichkeit (Wahrscheinlichkeit) dafür, dass eine Menge von Gesichtspunkten eine Person ist, besteht darin, ob und auf wie viele Arten man sie ergänzen kann durch zu ihr und untereinander passende „Personen". Zwei oder mehrere Personen „passen" zueinander, wenn sie zur Konstruktion derselben „objektiven" Welt führen, d. h. vielleicht dieselbe Erwartungswahrscheinlichkeit erzeugen. Dies ist eine zirkelhafte *Df.* des „zueinander Passens".

Das Wort „Gesichtspunkt" kann noch in einem anderen Sinn verwendet werden, nämlich im Sinn von Verhaltensweise. (Das entspricht dem quantenmechanischen Begriff der „Größe".) In diesem Sinn ist nicht jedem Gesichtspunkt ein bestimmtes Bild der Welt zugeordnet, sondern die [*a priori* nicht bestimmbare] „Welt" wird eben dadurch konstruiert, dass die Bilder, die unsere verschiedenen Gesichtspunkte erhalten, zusammengesetzt werden, d. h., durch Welt und Gesichtspunkt ist wohl das Bild bestimmt, aber die Welt ist unbestimmt. Jetzt kann man nur sprechen von zueinander passenden Folgen von „Gesichtspunkt + Bild". ⟨*page*⟩

Vielleicht ⟨sind⟩ diese beiden Auffassungen miteinander vereinbar, nämlich im ersten Fall nehme ich die Welt als etwas Fixes an [ein bestimmter Vektor im Hilbert-Raum]. Mein Koordinatensystem, d. h., meine Gesichtspunkte sind unbekannt und werden erst durch die von uns gesehenen Bilder bestimmt. Im zweiten Fall sind meine Gesichtspunkte bestimmte Koordinatensysteme des *H.*-Raums, und diese bestimmen die Welt (den Zustandsvektor). Unterschied zwischen *Schröd.*-Bild ⟨*geoz.*⟩ und Heisenberg-Bild ⟨*helioz.*⟩. Analogie: Der Grund, weswegen wir aus der Bewegung der Fixsterne und Planeten auf eine Bewegung der Erde schließen, ist zweifach.

1. Die merkwürdige Übereinstimmung (*conspiracy*) der Bewegungen sämtlicher Fixsterne.
2. Die Gesetze der Bewegung werden viel einfacher.

Dieselben beiden Gründe lassen sich anwenden auf sämliche zeitlichen Veränderungen.

1. Übereinstimmung. [Alle Lebewesen werden älter, alle geordnete Struktur zerfällt, verwittert. Alle Pendel treffen sich in konstanter Periode, eine Uhr und die Planeten stimmen überein, *etc.*]

2. Es ist zu erwarten, dass auch Gesetze ⟨page⟩ einfacher werden. [Hinweis darauf, dass die zeitlichen Veränderungen auch durch eine Transformation der zugehörigen Koordinaten ausgedrückt werden können, Berührungstransformation, unitäre Transformation.]

Daher dieselbe Argumentation: Wenn alles sich in der selber Weise verändert, dann sind wir es wahrscheinlich, die sich verändern. Die Tatsache, dass die Weltveränderung durch eine unitäre Drehung ausgedrückt werden kann, hängt wahrscheinlich damit zusammen, dass viele Bewegungen periodisch sind, und die nicht-periodischen nach einem *Exp.*-Gesetz gehen [Wärmeausgleich!]. Das Letztere kann nicht mit *unitären* zusammenhängen, weil eine stetige, gleichförmige, unitäre Drehung fast periodisch ist. Vielleicht sollte unitär durch orthogonal ersetzt werden?

Das Bild der Welt aus einem Gesichtspunkt ist nicht etwa eine *kompl.* 3-dimensionale Funktion [Zustandsgröße in den Raumpunkten], sondern etwas sehr Einfaches, Resultat einer einzelnen Beobachtung, wodurch die „Enge des Bewusstseins" berücksichtigt wird. Die 3-dimensionale Verteilung der Zustandsgrößen ist bereits ein roher Ersatz für den Weltvektor [d. h., erlaubt vorauszusagen, was das Bild von verschiedenen Gesichtspunkten aus sein wird]. ⟨page⟩ Die Analogie mit dem Weltvektor ist genau, wenn man die Unbestimmtheit zahlreicher Größen [weil unbekannt und aus Beobachtung nicht zu schließen] dadurch berücksichtigt, das als Welt nicht ein Zustand, sondern eine *Gibbs*'sche Verteilung angenommen wird. Mit Hilfe der *Gibbs*-Verteilung müsste man ebenfalls eine *pos.* Theorie der Wirklichkeit entwickeln können. Wodurch unterscheidet sich diese von der *Quantenmech.*?[34]

Ein Gesichtspunkt der Welt ist also eine Größe. [In einem bestimmten Moment sind nicht alle Größen praktisch „erreichbar".] Jedenfalls gibt ⟨es⟩ in jedem Augenblick eine Größe, welche einer bestimmten im vorhergehenden Augenblick entspricht. Doch wird diese im nächsten Augenblick im Allgemeinen nicht mehr zu den erreichbaren gehören, wenn sie es vorher war. Darin besteht die Tatsache, dass man nicht in einem Gesichtspunkt verweilt (die Zeit stehen lassen kann). ⟨page⟩ Derselbe Gesichtspunkt erscheint mir im nächsten Moment anders und ein anderer Gesichtspunkt als derselbe. [Entsprechend: In dem Fall ⟨der⟩ Drehung der Erde erscheint mir dieselbe Raumrichtung im nächsten Moment anders und eine andere als dieselbe.] Man kann nun entweder den gleich erscheinenden Größen (*Schr.*) oder den gleich seienden Größen (*Hei.*) dieselben Koordinatensysteme zuordnen. Dem entspricht ein mit uns rotierendes und ein feststehendes Koordinatensystem. Die Größen jetzt und im nächsten Augenblick sind auf jeden Fall ein-eindeutig aufeinander bezogen [sodass schon die Größen eines Augenblicks <u>sämtlich</u> sind]. Im einen Fall durch das Gleich-Erscheinen, im zweiten Fall durch das Gleich-Sein. Nimmt man irgendein fundamentales Größensystem im Moment a, so wird

---

[34] ▷Ein Unterschied: In ⟨der⟩ klassischen Theorie wird die *Gibbs*-Verteilung nicht als die „Welt" betrachtet, sondern als Darstellung unseres Wissens von der Welt.

es nicht demselben³⁵ fundamentalen System³⁶ im Moment *b* entsprechen. In der klassischen Feldtheorie können die fundamentalen Größen den Raumzeit- ⟨*page*⟩ punkten so zugeordnet werden, dass jedem Raumzeitpunkt eine endliche Anzahl [die Zustandsgrößen dieses Raumzeitpunktes] zugeordnet sind. Schon die so gebildeten Größen eines Raumquerschnitts bilden ein vollständiges System, wobei allerdings die ebenso gebildeten Größen eines anderen Raumquerschnitts ihnen nicht entsprechen [im Sinne der wahren Gleichheit], aber jedenfalls Funktionen von ihnen sind.

Eine Größe ist eine Funktion, welche es erlaubt, aus der „Welt" einen bestimmten Wert [oder eine bestimmte Verteilungsfunktion für Werte] abzuleiten. Was sind in diesem Sinn die Größen der klassischen Theorie?

(A) Gewöhnliche klassische Feldtheorie (Sicherheitstheorie)

(B) *Gibbs*'sche Verteilung

Und welches ist die Funktion, welche die entsprechenden (im wahren Sinn) Größen verschiedener Zeitpunkte verwendet? Ferner: Wie gewinnt man die Verteilungen? Was sind die „einfachen" Zustände der Welt, *etc.*? ⟨*page*⟩

Quantenmechanische Begriffsbildungen lassen sich so übertragen. D. h., die klassische Theorie muss ebenfalls als Spezialfall oder eventuell modifizierter Spezialfall der Quantenmechanik erscheinen. Auch die Frage, wie sich die „Welt" durch eine Beobachtung ändert [streng *pos.* Aufbau] kann in der klassischen Physik gestellt werden. Bei der Planetenbewegung wird die Übersichtlichkeit dadurch erreicht, dass die scheinbare Bewegung aufgespalten wird in einen Teil, der von uns herrührt, und einen Teil, der von der Außenwelt herrührt. Vielleicht Glaube in ⟨der⟩ Physik. [Vielleicht ist das der Unterschied zwischen Reversibilität und Irreversibilität.] Das Problem, die Quantenmechanik *positivistisch* für mehrere simultane Beobachter zu formulieren, hängt wahrscheinlich mit dem Wechselwirkungsproblem mehrerer Teilchen zusammen. Dies hängt auch zusammen mit der Tatsache, dass ⟨das⟩ Bestehen des eigenen Lebens immer mit Sicherheit feststeht, bei den anderen nur mit Wahrscheinlichkeit. ⟨*page*⟩

Der Raum wird in der heutigen Fassung der Quantenmechanik an die Spitze gestellt und die Matrix als Funktion der Raumelemente angegeben. Der richtige Weg ⟨ist⟩ der umgekehrte. Quantenmechanik ⟨ist⟩ abstrakt mit Matrizen und Wahrscheinlichkeiten zu formulieren. Raumverhältnisse als gewisse in einfacher Weise aus den *Matriz.* zu gewinnenden Größen. 4-Dimensionalität hängt vielleicht mit der Tatsache zusammen, dass (vielleicht) unendliche orthogonale Matrizen sich aufspalten lassen in Matrizen von Quaternionen.

Zahlen kommen auf zwei Arten in die Physik:

1.) Als relative Häufigkeit des Eintreffens der Voraussagen.

2.) Als fortgesetzte Fallunterscheidungen von Eigenschaften, d. h., eine Eigenschaft wird gespalten in zwei Fälle, jeder der Fälle wieder in zwei Fälle. Die

---

³⁵ ▷gleich erscheinenden.

³⁶ ▷D. h., jede andere Größe ist eine Funktion von diesem.

Postulierung der unbeschränkten Fortsetzbarkeit dieses Verfahrens ergibt das *Brouwer*'sche *Kont.*
Die Verbindung von 1. und 2. ergibt eine *Metrik* des Kontinuums. ⟨*page*⟩
psych. Tatsache: Das gleich wahrscheinliche Erscheinen aus gleich abstrakten Begründungen der Physik muss von diesen beiden Tatsachen ausgehen und die Identifikation bestimmter Operatoren mit bestimmten Beobachtungsweisen (Identifikation der Operatoren, welche Raummessungen entsprechen) aus der Strukturgleichheit erkennen. Es muss eine Beschränkung für die Wahrscheinlichkeit bestehen, welche aus irgendeiner *Homog.* (d. h. Transformierbarkeit der ⟨? Ichs⟩ untereinander) abgeleitet werden muss. ⟨*page*⟩ ⟨*page*⟩

1. vaterländisch = grün
2. *Dissimulation* (Besorgnis wegen *Temp.*)
3. Geschichte über Jacob, wo bist Du
4. *Echolalie* (Aufmerksamkeitssache)
5. Bad genommen
6. andere Tests
7. Geschichte von der Sepsis ein Jahr
8. österreichische Nationalfarbe
9. *Intravenös*
10. Schnupfen, den sie gehabt hat
10. Doppelfenster
11. *15 mm* ⟨? einer⟩ *Tracheen*

D Karl
Was erzählt mein Bruder, andere ermöglichte Geschichte
D Weiss unglaubliche Geschichte Jahrbuch
Rudi Stockinger

---

12. Amerika ⟨?⟩ ⟨*page*⟩ ⟨*page*⟩

1. Meine Lippen, sie küssen so heiß[37]

---

[37] Dies ist der Titel eines populären Liedes aus der Operette *Giuditta* von Franz Lehár, die im Januar 1934 an der Wiener Staatsoper uraufgeführt wurde.

Tarski

1. Warum eigenes *Analogon* für *Skol.* Löwenheim'schen Satz für 2. Typ?
2. *König'*scher Satz, Verallgemeinerung
3. Neurath Erklärung ist nicht *sociologisch*.
4. Kann man eine Menge reeller Zahlen von der Mächtigkeit $\aleph_1$ angeben?

Aflenz 4

1. Von Neumann, Beweis, dass p, q eine Basis für sämtliche *Ham. Op.* ist.[1]
2. Ist die Dimensionszahl eine kanonische Invariante in der Quantenmechanik? Ebenso: Teilchenanzahl, Teilchenbeschaffenheit. Welches sind die Invarianten in Quantenmechanik und klassischer Physik (sämtliche)?
3. ⟨Die⟩ Unmöglichkeit, den Teilchen Bahnen zuzuordnen, hat ihren Grund darin, dass das „Ding-an-sich" nicht räumlich ist. [Spezialisierung von: Teilchen, die sich nicht im 3-dimensionalen Raum bewegen, 5-*dim. Kaluza*-Welt.]
4. *Geiger-Nutall*'sche Beziehung zwischen Reichweite und Zerfallskonstante [mittlere oder einzelne?]
5. *Viralsatz* bei wechselseitiger Kraft?
6. Tritt das Zerrühren ~~stat.~~ ⟨von⟩ Gesamtheiten bei jedem *ergod.* System ein und bei beliebigen Anfangsbedingungen?
7. Wie verhält sich das Zerrühren statistischer Gesamtheiten zum Verhalten des *stat. Oper. U*, ausgedrückt als Funktion von p, q?
8. Es gibt auch in der Physik nur Begriffe und Sätze. (Theorien und Verhältnisse verschiedener Theorien zueinander und zu den Erscheinungen.)
[9. Erklärung der Brechung in erster *approx.* aus Kraftwirkung der Elektronen auf Licht. Ähnlich Elektronenbeugung.] ⟨*page*⟩
10. Verfahren der Mathematik: Konstruktion von entscheidbaren Begriffssystemen [immer umfangreicher] und Suche der besten *Approx.* eines Satzes (im Sinne von *Impl.*) in jedem solchen System. *Heur.* Gesichtspunkt meiner Konstruktion der Begriffssysteme:
    1. Zahlentheorie nicht formulierbar
    2. Erhaltung der Rechengesetze [*distr.*]
    3. größtmögliche widerspruchsfreie Gesamtheiten

---

[1] ▷Dabei $a + b$ und einstellige Funktionen hinreichend [jedenfalls im Sinne einer *Approx.* Polynom von linearen Funktionen].

11. *Gibbs* und *Boltzmann Entrop.* bei Systemen ⟨? mit⟩ innerer Kraft und in Gleichheit [ein- und mehrzellige *Boltzm. Entr.*]. Bedenken, dass *Entr.* nur Hilfsbegriff ⟨? um⟩ das statistische Verhalten zu bestimmen.
12. Reversibilität
    1. auf *Prozesse:* in den einzelnen Phasen umkehrbar, d. h. von selbst rücklaufend
    2. auf Zuständen A und B ohne sonstige Veränderung herstellbar durch Eingriff[2]

    Verhältnis der beiden zueinander, angewendet auf verschiedene Theorien. Jede Frage in der Physik hat nur Sinn, wenn angewendet auf eine Theorie.

    Diese angewendet auf *phän.* und auf *stat. mech.* Theorie.
13. Offenbar ist nicht jeder mögliche Eingriff in ein System durch einen *Oper.* beschreibbar.
14. Wie weit sind die verschiedenen Koordinatensysteme, die durch Berührungstransformation auseinander hervorgehen, gleichberechtigt? Spaltung in ~~Energie und Impuls~~ Koordinaten und Impuls durch unsere Eingriffsmöglichkeit gegeben. ⟨*page*⟩

10a.) D. h., Hauptproblem = natürliche Reihenfolge der Begriffe. Diese hängt zweifellos mit ⟨der⟩ Physik zusammen (reelle Zahl, Integral). *Präst. Harm.* zwischen Mathematik und Physik. Nächste Erweiterung der Analysis (welche sicher auch zahlentheoretisch eine Rolle spielen wird) daher = Matrizenrechnung = Auftreten von Funktionen, welche auch unendliche Werte annehmen können (schon bei Nebenbedingungen). ⌊und Anmerkung 19⌋

15. *Heur.* Annahme zur Analyse der Quantenmechanik: h ist groß gegenüber messbaren Erscheinungen, d. h., menschliche Körper klein. [Ortsmessung = Ansehen, Berühren. ?Impulsmessung entspricht Kraftübertragung?]
16. In der Thermodynamik: Beobachter = Streuungswirkung (bei *Df.* von *revers. 12/2*). Ebenso Gehirn : Muskel
17. *Kausal.* und freier Wille sind *kompl.*
18. Quantenmechanik nicht raumzeitlich = (im prim. Sinn) Es sind im Bohr'schen Modell raumzeitliche Lücken vorhanden.
19. Gebrochene und imaginäre *Diff.*-Quotienten als Operatoren?
20. Den *Landé*'schen Formeln kann man angeblich ansehen, dass aufgrund keines klassischen Modells eine Erklärung möglich ist.
21. Austauschphänomen = Elektronenwechsel
22. *Neutronen* und Lichtquanten im *inhom.* Feld. ⟨*page*⟩
23. Was sind planetarische Nebel? (*galaktisch?*)
24. Beweise, dass eine ganz neue Mechanik für Quantenerscheinungen nötig ist:

---

[2] ▷Ist für je zwei energiegleiche Zustände $A \to B$ oder $B \to A$? Verallgemeinerung auf nichtenergiegleiche Zustände?

A. *Spez. Wärme* = Äquipartitionstheorem
B. Widerspruch zwischen Energie und Energieaustausch
C. *Ritz*'sches *Komb.*-prinzip statt *harm. Ob.*-töne
25. Nach Bohr: Quantensprung = individueller (d. h. nicht in raumzeitliche Bestandteile auflösbarer) Prozess = Grundding
Nach Bohr: Lichtquant = ideales Element, um Impuls- und Energiesatz aufrecht zu erhalten. (Dieser ⟨ist⟩ Gegenstück zum Satz von der Erhaltung der Teilchen.)
26. 1. Wie werden die konkreten Messungsmöglichkeiten den Operatoren zugeordnet? (Axiomatik)
    2. Welches sind die quantenmechanischen Systeme, welche für $h \to 0$ in ein bestimmtes klassisches System übergehen?
27. Grund für das häufige Auftreten von Δ ist der Zusammenhang mit der Drehungsgruppe.
28. <u>Jetzt</u>, <u>hier</u>, <u>ich</u> sind Termini, die (obwohl mehrdeutig) eindeutig entscheidbare Sätze liefern. (Solche gehen nicht in die physikalische Theorie ein.) Die Tatsache, dass die Zeit fortschreitet und dass es eine Vergangenheit und Zukunft gibt, beruht darauf, dass wir auf die Welt einwirken können. ⟨page⟩
29. Wenn Teilchen und Welle zugeordnet ⟨werden⟩, folgt aus der Relativitätstheorie die Art der Zuordnung.
30. Analogie zwischen Licht und Materie soll an spezifischer Wärme fester Körper und Hohlraumstrahlung überlegt werden. Insbesondere: Übertragung der atomistischen Struktur bzw. kontinuierlichen Struktur aufeinander.
31. Rohe Auffassung der Quantenmechanik: Es gibt statt kontinuierlich vieler Zustände nur diskrete und statt einer kontinuierlichen Bewegungsgleichung Wahrscheinlichkeiten von Übergängen. (Hinken der Analogie: Die Zustände sind nur relativ bestimmt, z. B.: Richtungsquantelung.) Dabei ist ein Zustand aber nicht ein bestimmtes p, q, sondern eine Bahn. ⟨Das⟩ Strahlungsfeld ist ins System einzubeziehen. In diesem Fall statistische Bahn klassisch unmöglich.
32. Atome sind ebensolche „Einheiten" wie Elektronen und *Protonen* und Kerne. Wahrscheinlich ebenso wie Lebewesen. Wird ein Lichtquant am Elektron gestreut, so ist es *Absorpt.*, wird es am Atom gestreut, so ist es Streuung.
33. Nicht-Raumzeitlichkeit der Quantenmechanik: Der Zustand des Systems ist noch nicht gegeben, wenn der Ausfall sämtlicher Experimente an allen Raumzeitstellen bekannt ist.
34. Fälle, wo Theorie und Praxis nicht übereinstimmen, sind die, wo es unstetig abhängt. ⌊Diese zeichnen sich durch Ungesetzlichkeit und Unregelmäßigkeit aus⌋: *Kapillar., Volta*-Effekt, *Pol.* des Lichts an Oberflächen, Zerreißfestigkeit von Kristallen. ⟨page⟩
35. Widerlegung der *Boltzmann*'schen Auffassung: Das Universum ist wirklich der Wahrscheinlichkeit entsprechend eingerichtet.
Der weitaus wahrscheinlichere Fall wäre der, dass die Entropie teils zu-, teils abnimmt.

36. *Perles, Nat. 16, p.1095:*[3] $h = \frac{1}{\pi-1} \frac{m_+}{m_-} \frac{e^2}{c}$ (bis auf ½%.)
37. Verhältnis der verschiedenen Koordinaten in *Hydrodyn.*
    1.) $f(x, y, z)\ g(x, y, z)\ h(x, y, z)$
    2.) $\mathfrak{v}_x \ldots \rho$
    3.) $\int_0^t \rho\, \mathfrak{v}_x\, dt \ldots$
38. Teilsystem eines mechanischen Systems = System von Koordinaten, welche den Zustand noch nicht vollkommen bestimmen, aber ihre Werte nicht ⟨? diskret⟩ bestimmt. Grund dafür:
    1.) Gewisse Größen ⟨sind⟩ durch keine Einwirkung zu stören (Drehmoment des Elektrons).
    2.) Das System ist symmetrisch in gewissen Koordinaten (*Hydrodynam.*, Kugel)
    Beziehung?
39. Bedingung dafür, dass eine Transformation $Q_i (= q_i p_i)\ P_i(q_i p_i)$ zu einer Berührungstransformation ergänzt werden kann, ist vielleicht $[Q_i Q_k] = 0$.
40. Koordinaten für den Festkörper, in denen die drei Impulse nach einem Achsenkreuz vorkommen? ⟨*page*⟩
41. Kann man die *Ham.*-Gleichungen direkt aus der Voraussetzung, dass es keine Energie erzeugenden Kreisprozesse gibt, ableiten?
42. Kopplung zweier Systeme $H_I + H_{II} + H_{I,II} = H$
    $H_{I,II} = 0 =$ gedankliche Vereinigung
43. Drei ⟨*sic*⟩ Arten, mechanische Systeme zu betrachten:
    1.) als abgeschlossene Systeme (Berührungstransformation zugehörig),
    2.) als Systeme, die unter dem Einfluss willkürlicher Einwirkungen stehen. (Dadurch ⟨ist⟩ bis zu einem gewissen Grad bestimmt, was Impuls und was Koordinate.)
44. Die Koordinaten ρ, $\mathfrak{v}$ entsprechen dem Übergang zu eindeutigen Koordinaten. Auf diese Koordinaten *Boltzm. Stat.* angewendet entspricht Übergang zu *Fermi* oder *Bose*. Unterschied erst bei diskreten Zuständen und „Platzmangel".
45. Gründe für das Nicht-Vorhanden-Sein von Kernen > 92:
    1. *Som., 1. Aufl., 6 Kap., §7:*[4] $Z_{max} = \frac{1}{2} \frac{hc}{\pi e^2}$ (Spiralbahn)
    2. Magnetische Anziehung von gegenüberliegenden Elektronen $\geq$ elektrische Abstoßung $\frac{2}{\sqrt{3}} \frac{hc}{\pi e^2}$ ⟨*page*⟩
46. Es sei der Energieimpulsoperator für ein System H_I bekannt bei Bestehen einer bestimmten Kopplung und als Funktion der Zeit gegebenen Bewegungen eines anderen Systems II (ebenso H_{II}). Es können daraus $H_{I,II}$ bestimmt werden.

---

[3] Perles, J. (1928) Besteht zwischen der elektrischen Elementarladung e und dem Planckschen Wirkungsquantum h eine universelle Beziehung? *Die Naturwissenschaften* **16**(51): 1094–5.
[4] Sommerfeld, A. (1919) *Atombau und Spektrallinien.* Braunschweig: F. Vieweg & Sohn.

47. *heteropol. Verb.* = *elektrost.*
    homöopol. Verb. = $\begin{cases} 1.\text{ entweder Anziehung von } \textit{Dipolen} \\ 2.\text{ oder Anziehung von } \textit{magn. Dipolen} \end{cases}$
    Entsprechender Unterschied *Jonengitter : Molekülgitter*
48. Welches ist das Verhältnis von *Akaus.* und *Disk.* in ⟨der⟩ Quantenphysik?
49. Grund, warum ⟨das⟩ Problem der Willensfreiheit in ⟨der⟩ Quantenphysik zuerst auftritt: Vorgänge in Organismen sind in der Vor-Quantenphysik noch gar nicht umfasst. (Daher dort Willensfreiheit nur durch Einführung eines Systems X von anderer Struktur zu behandeln.)
50. Die Aussage: Gleiche Gebiete des Phasenraums sind gleich wahrscheinlich – würde wahrscheinlich zu empirisch falschen Aussagen führen. (Man braucht *Boltzm.* Annahme A.)
51. Es ist falsch zu sagen, der III. *H.S.* bestehe darin, dass eine absolute Entropie gegeben ist. ⟨page⟩ Dies ist vielmehr (durch Zellgröße = 0) auch klassisch gegeben. Sondern: Quantenmechanik führt zu anderer Entropiedifferenz. (Endlich, wo klassisch unendlich.)
52. *Thermodyn.* Begründung der Schwankungen (auch anderer als Energieschwankungen). Wie hängen die Schwankungen zusammen mit der durchschnittlichen ⌊Energie-⌋ Verteilung auf die Parameter? (Schwankung in Abhängigkeit von Energie- oder von Strahlungsverteilung)
53. Kleinste Bahn im Wasserstoffatom: $\frac{v}{c} = \frac{1}{137}$
54. Mittelding zwischen Quantenmechanik und klassischer Mechanik: System mit gegebenen diskreten Energiezuständen (symmetrische und unsymmetrische Freiheitsgrade, Gasentartung)
    ⟨? Berechnung⟩ von Verteilung, Energie, spezifischer Wärme, Entropie
55. Bei roher Analogie 31 eilt die Quantenbewegung teilweise der klassischen voraus, teilweise bleibt sie zurück (starker ⟨? Spur⟩ ⟨?⟩). Frequenz der *Fourierkomp.* maßgebend für die Raschheit des Vorauseilens. Analogie des Vorauseilens: *Absorpt.* von Licht beim Photoeffekt. Ähnlich auch *Milne*'sches Universum. ⟨page⟩ Wie ist die Frequenzbedingung korrespondenzmäßig zu erklären?
56. Unterschied zwischen: Atom-Sätze = Beschreibung der Empfindungen
    und: Atom-Sätze = Beschreibung der Wahrnehmung = Grenze weiter außen
57. ⟨Der⟩ Unterschied zwischen Relativitäts- und klassischer Theorie ist der, dass ~~die Kraftfunktion~~ der Teil der Kraftfunktion, welcher nur vom Zustand desselben Partikels abhängt, ein anderes Gesetz befolgt. [Analog Teilung in *kin* : *pot. Energie* = Trägheitskraft zu anderer Kraft = Impuls : Koordinate] Ist in ⟨der⟩ Relativitätstheorie überhaupt eine Spaltung der Energie in diese zwei Summanden möglich?
58. Fragestellung: Wie sieht $p_i q_i H$ bei spezieller und allgemeiner Relativitätstheorie ⌊und *Kaluza* -Theorie⌋ bei Anwesenheit von Ladung und Masse aus?
59. [Bei langsamen Bewegungen scheinen die klassischen Gesetze zu gelten, Quantengesetze erst bei rascher (kleine Bahn, Elektronenstoß, *etc.*). Daher Quantentheorie vielleicht letztenendes mit Relativitätstheorie zusammen?]

112–127 alte Quantenmechanik, daher uninteressant.

Es werden zwei Arten von Prozessen unterschieden: die stetigen (Umläufe des Elektrons in einer Bahn) und die unstetigen Sprünge. Vielleicht entsprechen sie den reversiblen und irreversiblen Vorgängen?? ⟨page⟩

60. Translationsgeschwindigkeiten sind ebenfalls Zustände (mit kontinuierlichem Zentrum).
61. Das Wesentliche der Quantenmechanik ist, dass Energie und Zeit dadurch ebenso verknüpft werden (durch h) wie in der Relativitätstheorie Raum und Zeit verknüpft werden (durch c) oder ebenfalls in der Relativitätstheorie Masse und Energie verknüpft werden (durch c^2). (Oder ⟨in der⟩ *Kaluza*-Theorie Masse und Ladung und elektrisches und Gravitationsfeld?)

[Auch nach alldem bleibt Dualismus 1. Materie ... Feld.]
Das ⟨?⟩ Quantenmechanik hat zu tun mit ⟨der⟩ Spaltung der Welt in Koordinate und Impuls und diese Spaltung als relativ zu erweisen. Diese Spaltung hängt irgendwie mit unserer Möglichkeit des Eingriffs[5] zusammen.

62. Charakterisierung der Zeitrichtung:
    A. objektiv
        1. Entropievermehrung
        2. Vorhandensein von Spuren
    B. subjektiv
        1. Erinnerung [D.h., Feststellung der Vergangenheit erfolgt prinzipiell anders als die der Zukunft.]
        2. Wille [D.h., Einwirkung auf die Vergangenheit ist nicht möglich, d.h., Vergangenheit ist unbedingt bekannt, Zukunft ist bedingt bekannt.]
    Wie verhalten sich diese drei Möglichkeiten zueinander? ⟨page⟩

63. *Boltzm.*, Voraussetzung A: ⟨Der⟩ Anfangszustand ist ein Zustand minimaler Entropie. (Vielleicht: Masse in einem Punkt konzentriert.)
64. Interessante Grenzziehung: Verstand gehört nicht mehr zum Beobachter, sondern zur Welt!
65. Zusammenhang zwischen physikalischem Zustand und Eigenbewegung der Gestirne, *Kernspin Hb., 24/1*[6]
66. Beugung von molekularen Strahlen, *Hb., 22/2*[7]
66. ⟨gestrichen⟩ Für die Existenz von Spuren ist notwendig das Vorhandensein schwach miteinander gekoppelter Teilsysteme und das Vorhandensein von Gleichgewichtszuständen für diese [die nach unendlich langer Zeit erreicht werden].

---

[5] ▷Wirkungszusammenhang mit der Welt.
[6] Bezieht sich auf einen Artikel in: Geiger und Scheel (Hrsg.) *Handbuch der Physik – Bd. 24/1 Quantentheorie.* 1933, Berlin: Springer.
[7] Bezieht sich auf einen Artikel in: Geiger und Scheel (Hrsg.) *Handbuch der Physik – Bd. 22/2 Negative und positive Strahlen.* 1933, Berlin: Springer.

66. Brechung des Lichts in Materie [d. h. Fortbewegung mit kleinerer Geschwindigkeit als c] ist auch ein Beweis der Unmöglichkeit einer raumzeitlichen Lichtquantentheorie.
67. *Pauli*-Prinzip ist Darstellung einer Abstoßungskraft. Andere Darstellung einer Kraft ist durch Austauschkraft gegeben.
    Gemeinsamer Rahmen mit gewöhnlicher Kraft? ⟨*page*⟩
68. Wellengleichung
    ? $\begin{cases} \text{1 Teilchen, 2 Lösungen: Elektron und Proton} \\ \text{2er Teilchen, 2 Lösungen: H-Atom und Neutron} \\ \text{mehrerer Teilchen, viele Lösungen: entsprechend} \\ \text{verschiedene Kerne und Elektronenringe} \end{cases}$
69. Experimenteller Unterschied zwischen *Positron* und *donkey* Elektron.
70. Elektronenradius = absolute Ortsunbestimmtheit? *Heisenberg, Z.P. 43*[8]
71. Verhältnis von klassischer und Quantenmechanik: Die Zahlen der klassischen Mechanik sind ersetzt durch Matrizen, welche aber bis auf die Größe der Ordnung h diagonal (d. h. Zahl) sind. Vernachlässigt man Größen dieser Ordnung, so stellt die quantenmechanische Zeitabhängigkeit der Matrizen sämtliche möglichen Bewegungen des Systems zugleich dar (und zwar die klassischen Bewegungen). Durch unsere Eingriffe und Messresultate wird dann eine herausgegriffen.
72. Geometrie der klassischen Transformation und ihr Zusammenhang mit den unitären Transformationen. (Insbesondere, falls invariantes System, Normalformen der *Ham.*-Gleichung, *etc.*) ⟨*page*⟩

Fortsetzung 161

161. A. Makro-Beschreibung eines Strahlenfeldes [*Int.* als Funktion von Ort und Richtung und Wellenlänge]
    B. Entsprechende Beschreibung eines Gases: Molekülzahl als Funktion von Ort, Richtung und Geschwindigkeit
    A' Andere Beschreibung:
        1. $\mathfrak{E}, \mathfrak{h}$ als Funktion des Ortes
        2. *Fourierkoeff.*
        3. Ort und Geschwindigkeit der Lichtpartikel
    B' ? 1. Wahrscheinlichkeit, ein Partikel vorzufinden
       ? 2.
       ? 3. Ort und Geschwindigkeit der Moleküle
    A. Einer bestimmten Temperatur entspricht eine bestimmte Beschreibung.
    B. Einer bestimmten Temperatur entspricht nicht eine bestimmte Beschreibung [sondern noch ein freier Parameter].
    Gegenüberstellung A,B dürfte fruchtbar sein.
    B. *Maxwell*'sche Geschwindigkeitsverteilung entspricht A. Planck'sche Strahlungsformel.

---

[8] Heisenberg, W. (1927) Über den anschaulichen Inhalt der quantentheoretischen Kinematik und Mechanik. *Zeitschrift für Physik* **43**(3-4): 172–198. In dieser Arbeit wurde die Unbestimmtheitsrelation eingeführt.

Was entspricht ⟨einer⟩ Zerlegung in Mikro- und Makro-Geschwindigkeit bei A? ⟨page⟩
Debye'sches Gesetz der *spez.* Wärme entspricht *Stephan*'sches Strahlungsgesetz.
162. Kann man jeder Größe (Funktion von $p_i q_i$) Konjugierte zuordnen, wie das bei *Energie,* Zeit der Fall ist?
163. Geometrie der kanonischen Transformationen, insbesondere invariante, und Zusammenhang mit unitären Transformationen!
164. Die Zeit hat zwei Seiten. Dass das Ereignis A nach dem Ereignis B ist, hat
 1. einen objektiv physikalischen Sinn [ausgedrückt entweder durch *Entropie* oder so: Richtung zeitartig und B in der ausgezeichneten Richtung zu A],
 2. einen subjektiven Sinn: B wird nach A erlebt. ~~Diese beiden Seiten dr~~ (Diese beiden Seiten drücken sich darin aus, dass bei einem System zwei objektiv gleichzeitig gemachte Messungen zweier Größen subjektiv doch in einer bestimmten Reihenfolge stattgefunden haben müssen.)
Man kann sich vorstellen, ⟨dass⟩ man in der physikalischen in einer Richtung „erlebt". ~~Es handelt sich hier um zwei verschiedene Theorien („Erlebnis-Theorie" und „physikalische Theorie"), zwischen denen~~
⟨page⟩
Unser Weg durch die Welt ist beschränkt durch unsere Wirkungsmöglichkeiten. Schon die Technik erhöht diese (rascher Ortswechsel, Einstein'sche Reise in die Zukunft). Insbesondere schließen unsere Wirkungsmöglichkeiten eine Reise in die Vergangenheit und verkehrtes Erleben der Welt aus.
Formality of happening sollte heißen: *Formality of experiencing,* d. h., gehört unserem Verhältnis zur Welt an.
167. Korrespondenzmäßige Behandlung anderer als Strahlungsübergänge? Z.B.: Stoß, *Absorpt.,* Steuung. Kommen dabei auch die *Fourierkoeff.* zur Geltung?
168. Zwei Arten der Berechnung des statistischen Gleichgewichts (z. B. *Boltzm.* Verteilungssatz)
 1. Die Verteilung ist so, dass alle Übergänge einander einzeln ausgleichen.
 2. Die Verteilung ist die ⟨?größere/größte⟩ Wahrscheinlichkeit.
Wie verhalten sich die beiden zueinander?: In klassischer Physik ⟨? ergodisch⟩ ⟨?⟩, in Quantentheorie zunächst nur 1. gangbar. In Quantenmechanik durch v. Neum. Z.P. 57[9] gegeben. ⟨page⟩
169. *Compton*-Effekt ist ein Beweis für die Lichtquanten-*Hypothese,* dadurch, dass eine scharfe verschobene Linie da ist, während klassisch ein kontinuierliches Zentrum im Streulicht sein müsste.
170. A. Quantenbedingungen für die Bewegung von Elektronen haben mit Interferenzerscheinungen für Licht eine große Ähnlichkeit. [Tatsächlich erklärt *De Broglie* die Elektronenbahn im Wasserstoffatom durch Interferenz,

---

[9] v. Neumann, J. (1929) Beweis des Ergodensatzes und des H-Theorems in der neuen Mechanik. *Zeitschrift für Physik* **57**(1–2): 30–70.

und die Elektronenbahnen bei Durchgang durch ein Kristallgitter sind ganz interferenzmäßig.]
B. Wäre es nicht umgekehrt möglich, die Lichtinterferenz durch Quantenbedingungen für die Lichtbahn zu erklären? [Ja, siehe *Smekul.*]
Bei konsequenter Durchführung von B muss man elektrisches Feld in Kraft und Strahlungsfeld zerlegen!
183. Zur Wesensgleichheit von Licht und Materie: Moleküle werden von einer festen Wand mit einer Verweilzeit reflektiert: Resonanzfluoreszenz (*Langmir* ⟨*sic*⟩)
184. Die Quantenphysik ist genau so weit raumzeitlich, als sie mit der klassischen Physik übereinstimmt. [Der Unterschied zwischen klassischer und Quantenphysik ist nicht mehr innerhalb des Raumzeitlichen ausdrückbar.]

Die klassische Physik ist die raumzeitliche Projektion der Quantenphysik, und zwar die Wellenphysik eine andere Projektion als die Quantenphysik.

Jordan: Unbestimmtheitsrelation = Man kann die physikalischen Objekte nicht gleichzeitig von allen Seiten besehen. ⟨*page*⟩
186. Individualisierung und raumzeitliche Beschreibung scheinen komplementär zu sein, und darin liegt vielleicht die Möglichkeit einer konsequenten Durchführung der Monadologie. (Blatt!)
191. ⟨Die⟩ Relativitätstheorie liefert eine Grenze für die Annäherung des Elektrons an den Kern durch die Lichtgeschwindigkeit. ⟨Die⟩ Quantentheorie durch h. Der Zusammenhang zwischen beiden ist durch die Feinstrukturkonstante (137) gegeben.
197. Verhältnis von *Unstetigkeit* und *Akausalität* in der Quantenphysik? : Letztere vielleicht Folge der Ersteren?

~~Fortsetzung 202~~

204. Ort : Impuls = Korpuskel : Welle. Denn:
Korpuskel bedeutet: scharfer Ort (d. h. Wirkung auf den bestimmten Ort beschränkt)
Welle bedeutet: Sinusschwingung über den ganzen Raum (d. h. scharfer Impuls)
Übergang von Orts- zu Impulsbetrachtung = *Laplace*-Transformation
205. Das Naturgesetz (*a priori*) noch nicht bestimmt, zerfällt in der alten Physik in zwei Teile:
1. Das Objektive (Anfangsbedingungen)
2. Das Subjektive (Die Art unserer Einbettung: d. h. Ort und Zeit unseres Lebens) ⟨*page*⟩
In der Quantenmechanik fällt wahrscheinlich 1.) weg. Auch schon in der klassischen Physik möglich durch die Annahme, dass alles Mögliche realisiert ist.
207. Wenn man ⟨die⟩ Wellenfunktion als Ding-an-sich auffasst:
Klassisch: Ding bestimmt Experiment eindeutig, Experiment bedingt Ding statistisch (im Allgemeinen), Ding ist raumzeitlich.

Quanten: Ding bestimmt Experiment nur statistisch und umgekehrt, Experiment bestimmt Ding nur statistisch (im Allgemeinen), Ding nicht raumzeitlich.

208. A. *Df.* der mehrfach *period.* Funktion [Verhältnis zu fast periodisch]
   B. Kann jede mehrfach periodische Funktion in der Form $f(P_1(t)\ldots P_n(t))$ dargestellt werden, wo ⟨die⟩ P_i einfach periodisch sind? Und geht das eindeutig?
   C. Unter welchen Annahmen über H wird die Bewegung mehrfach periodisch? Kann man dann durch eine Berührungstransformation solche Koordinaten einführen, dass $n-1$ konstant bleiben und die n-te periodisch ⟨? wird⟩?

209. *Poincaré*, Himmelsmechanik (insbesondere 3-Körper-Problem) ⟨*page*⟩

210. Unterschied zwischen absoluter (*Kant*) und relativer (*Leibnitz*) Auffassung des Raums und der Zeit: Bei Spiegelung, Vergrößerung, gleichförmiger Bewegung, Verschnellerung der ganzen Welt entsteht eine (keine) neue Welt.

211. ⟨Die⟩ Zeitrichtung kann durch unsere Wirkungsmöglichkeit charakterisiert werden. Was wird daraus, wenn Mensch = Maschine?

210a Bei *Kant* überflüssige (nicht verifizierbare) Bestandteile. Ebenso bei *Lorentz* im Gegensatz zu *Einstein*.

212. ⟨Der⟩ Raumbegriff verliert in der Quantentheorie seine Bedeutung, weil starrer Körper seine Bedeutung verliert, weil starrer Körper = Anhäufung von Elektronen (*Schwed. Riemann*).

213. Trägheitsstruktur gegeben durch: Partikelbahn + Stoßgesetze. Hemmung der Trägheitsstruktur bezieht sich nur auf die Form der Partikelbahn, nicht auf Massengröße. Vielleicht zu ergänzen durch die Änderung der Massengröße, d. h. an einem anderen Ort, durch dieselbe Muskelanstrengung an derselben Masse eine andere Beschleunigung. [Wie würde eine Welt ohne Trägheitsstruktur aussehen?]

214. Massenstruktur = ~~Trägheitsstruktur auf den 3~~ (= Projektion der Trägheitsstruktur auf das 3-dimensionale) = Verhalten von Maßstab und Uhr. Mach'sches Problem entsteht dadurch, dass man Massenstruktur als gegeben ansieht, aber nicht Trägheitsstruktur.
Psych. Analyse, warum Massenstruktur nicht als unbefriedigend empfunden wird. ⟨*page*⟩

216. Unterschied zwischen „dasselbe an verschiedenen Stellen, Zeiten" und „qualitativ verschieden", d. h. Unterschied zwischen „Lokalzeichen" und „Qualität", liegt darin, dass Lust und Unlust (daher auch unsere Relation) nur von der Qualität abhängt.

218. Kant'sche Lehre von Idealität der Zeit und *Platoni*scher Ideelehre sind namesverwandt, denn: Raum liefert die Aufspaltung der Begriffe (Ding-an-sich) in viele Exemplare (Erscheinung).

223. Tiefste physikalische Gesetze sind Entropie-, Energie-, Impulssätze (überdauern alle Wandlungen).

219. *Ret. Pot.* bringt eine Unsymmetrie in die Zeit. Wieso ist das möglich?
226. Vielleicht sind Raumzeitverhältnisse die *statist.* Verhältnisse, welche Quanten betreffen.
227. Kriterium, wann zwei Dinge absolut gleich sind: Sie können durch Koordinatentransformation ineinander überführt werden. ⟨page⟩
243. Das kosmische Glied beschreibt die Einwirkung der Weltmasse und ermöglicht die Durchführung des Mach'schen Gedankens. Wieso??
248. Bei konsequenter Durchführung der *pos.* Quantenmechanik muss irgendwo das intersubjektive Moment hineinkommen (Loskommen vom *Solipsismus*). D. h., die unendlich vielen Gesichtspunkte (subjektive Weltbilder) sind gesetzmäßig verknüpft, ohne dass diese gesetzmäßige Verknüpftheit auf ein gemeinsames „Ding-an-sich" zurückgeführt wird[10] [= Unterschied gegenüber alter Physik]. Hier transfinites Moment, da die Abbildung selbst wieder abgebildet wird.
[249. Wieso ⟨ist⟩ quantenmechanisches Verhalten durch ⟨die⟩ klassische Hamilton-Funktion (Grenzfall) bereits bestimmt?]
250. Analogie zwischen „Allmenge" und „Ding-an-sich":

Russell Antin.	*Planck Antin.*
In keiner mathematischen Theorie kommt die Allmenge vor. (Nur in der widerspruchsvollen alten.)	In keiner Annäherung an die Wirklichkeit kommt ein vollkommen „objektives" Ding-an-sich vor. (Außer in der widerspruchsvollen klassischen.)

⟨page⟩
N.B.: Widerspruch bedeutet: Widerspruch im Fall der obigen Antinomie. Hauptproblem der Physik: Welches ist die Struktur derjenigen transfiniten Folge von Theorien, welche die klassische Theorie einer „objektiven Welt" zu ersetzen bzw. zu *approximieren* ⟨? hat⟩? Ein wesentlicher Bestandteil dabei muss die *monadolog.* Struktur der Welt sein. Jede dieser Theorien ist eine Zwischenstufe zwischen *Solips.* und (widerspruchsvoller) objektiver Wirklichkeit und hat vielleicht die Struktur der *Monadologie*, d. h., es gibt keine objektive Wirklichkeit, sondern nur die verschiedenen Weltbilder der Monaden, zwischen denen gesetzmäßige Zusammenhänge bestehen. [Vielleicht ⟨ist⟩ so das Mehrkörperproblem quantenmechanisch zu behandeln.] ⟨Das⟩ Prinzip, welches von einer Theorie T zu nächst höheren T' führt, ist vielleicht folgendes:
  A. Die Mannigfaltigkeit der „Vorstellungen" wird vergrößert, indem das durch T gegebene „Weltbild" mit zu ihnen gerechnet wird.
  B. Durch Abhängigkeit zwischen den neuen ⟨page⟩ Vorstellungen wird vielleicht die zwischen den alten verschärft. Wieso ⟨die⟩ Abhängigkeit nur statistisch ⟨ist⟩, bleibt fraglich.
251. Heuristisches Prinzip für ⟨das⟩ Dreikörperproblem: Die Regel über ⟨die⟩ Wahrscheinlichkeit von Messergebnissen muss auf ein einzelnes Elektron als Messendes angewendet werden.

---
[10] ▷oder Ding-an-sich sehr eigenschaftsarm.

252. Verwandlung einer Existenz (Lichtquant) in Struktur geschieht in ⟨der⟩ *Photochemie*. Daraus wird verständlich, dass Organisation eine Existenz ist. „Licht ist gefrorenes Leben." ~~Licht ist Bewegung ohne bewegte Materie.~~
254. Monadologie = *Solips.* + Anerkennung des Du.
255. Beweis, dass Quantenmechanik notwendig eine *posit.-stat.* Theorie ist, und in keine andere der durch Kreuzung von *obj.-pos.* und *kaus.-stat.* möglichen vier Rubriken verschoben werden kann.

250a Weitere Charakteristika von T' gegenüber T:
   1. Vieles, was in T verschieden ist, ist in T' gleich. (Z. B. in T äußere Kraft ... ⟨? Begierde⟩, in T' nur Kräfte) ⟨*page*⟩
   2. Was in T objektiv ist, ist in T' subjektiv. (Was in T absolut ist, ist ⟨in⟩ T' relativ, d. h. vom Gesichtspunkt abhängig.)

Nähere Erläuterung von: Es gibt kein objektives Weltbild: Z. B.: Es hat keinen ⟨Sinn⟩ zu fragen: „Wie bewegt sich ein Elektron?", sondern nur: „Wie scheint es sich von einem bestimmten Ort aus gesehen zu bewegen?" (Vielleicht in der Quantentheorie gar nicht absolut, weil nur *pos.* Deutung möglich?)

259. Zur Analogie <u>Elektron ...Mensch</u>: Bei Mensch ⟨ist das⟩ Weltbild bestimmt durch Verhalten (d. h., welches Experiment gemacht wird). Verhalten ⟨ist⟩ bestimmt durch Charakter, welcher von Mensch zu Mensch verschieden ⟨ist⟩. Bei Elektron vielleicht eindeutiger Charakter, und dieser ~~bestimmt vielleicht das~~ ergibt vielleicht die Lösung des Mehrkörperproblems? Statt Elektron vielleicht ein beliebiger Teil der Welt. (Verschiebbarkeit der Grenze!)

261. Zwei prinzipiell verschiedene Arten der Voraussage:
   A. physikalisch
   B. Voraussage einer eigenen Handlung, zu der man sich entschlossen hat.
[Die Grenze ist relativ, d. h. vom Gesichtspunkt abhängig.] Widersprüche zwischen beiden sind denkbar (*Planck*'sche Antinomie). ⟨*page*⟩

263. Gedächtnis eines *Paramäciums* ⟨*sic*⟩, *Nat. 1934, Bleuler*[11]
Spemann: Fernwirkung des Organisators[12]
Driesch: Entwicklung eines ganzen Organs aus einer halben Knospe[13]
Bleuler: Vererbung erworbener Eigenschaften, *Brit. J. Psych. 20 (201), 1930*
Hartmann, führender Biologe: Kritik des *Mnemismus, Biol. Zbl. 6 (1932)*
Es ist tatsächlich bestehend, die zweckmäßigen ~~Reaktionen des Individuums (Gedächtnis)~~ Umstellungen des Individuums (Gedächtnis) aus demselben

---

[11] Siehe Fußnote 7 in QM II.
[12] Bezieht sich wohl auf: Spemann, H. und Mangold, H. (1924) Über Induktion von Embryonalanlagen durch Implantation artfremder Organisatoren. *Archiv für mikr. Anat. und Entwicklungsmechanik* **100**: 599–638.
[13] Der Naturphilosoph und Zoologe Hans Driesch (1867–1941) konnte zuerst am Seeigelei zeigen, dass sich aus Eibruchstücken normalgebildete Larven entwickeln (Driesch, H.: Entwicklungsmech. Studien. I-IV. *Zeitschr. f. wiss. Zool.* **53** (1892) und **55** (1893).). Er deutete diese Ergebnisse vitalistisch und begründete den sog. Neovitalismus. Zu seinen späteren Forschungsinteressen gehörten auch parapsychologische Phänomene.

Prinzip zu erklären wie die zweckmäßigen Umwandlungen der Arten (Anpassung). Ebenso der Vergleich zwischen *Ontogenese* mit einer einmal gelernten und dann automatisch ausgeführten Handlung eines Individuums.

265. Die Tatsache, dass Quantenmechanik nicht mehr ein objektives Weltbild, sondern verschiedene Weltbilder der Monaden + Transformationsgesetze ⟨fehlendes Wort⟩, heißt eigentlich nur, dass das objektive Weltbild nicht raumzeitlich ⟨ist⟩ (da die Monaden nicht in einem raumzeitlichen ⟨page⟩ Verhältnis stehen), sondern die raumzeitliche Welt nur innerhalb der Monaden als „Bild" existiert.[14] D. h., die Quantenmechanik hat auch eine „objektive Welt", nämlich die Monaden mit ihren Vorstellungen, Trieben, Entschlüssen, aber diese ist nicht mehr raumzeitlich, sondern nur in erster *Approx.* raumzeitlich. (⟨Die⟩ Unbestimmtheit des Ortes der Monade eines Menschen ist vielleicht durch seinen Körper gegeben.) D. h., Monadologie wäre nur ⟨die⟩ nächste Wirklichkeitsstufe, nicht Gesetz, welches zu immer höheren führt. Dies muss ja auch prinzipiell unüberblickbar sein.

266. Verschiedene metaphysische Systeme = verschiedene Rahmen für die Physik Welcher Physik entspricht das *Platonische* System? Vielleicht nächste Stufe nach *Leibnitz*?

250b. Zum Prinzip, welches von T zu T' führt: T_0, es sind nur die Monaden da (ohne Inhalt, d. h. Vorstellungen). T_1, jede Monade enthält das ⟨page⟩ Bild der übrigen (leeren) Monaden. T_2, jede Monade enthält das Bild der übrigen Monaden mit den Vorstellung aus T_1, usw.

265a Vielleicht ⟨ist der⟩ Raum der Monaden unendlich-*dim.* und jede Monade darin eine eindimensionale Linie und in jedem Moment eine gewisse 4-dimensionale Ebene das „Bild" der Welt. Andere mögliche Auffassung der Tatsache, dass ⟨die⟩ Quantenmechanik kein „objektives" Weltbild ergibt: Sie liefert nur konditionale Aussagen (abhängig von eigenen Entschlüssen).

250c Prinzip von T zu T': In T' ist das „Ding-an-sich" eigenschaftvermehrt. [Z. B. in ⟨der⟩ Quantenmechanik bloß = mechanisches System (ohne Anfangsbedingungen).]

269. Widerspricht ein Wesen, das alles (inclusive der eigenen Handlungen) voraussieht, den Naturgesetzen?

270. Dimensionalität des Raumes hängt zusammen
a.) mit Bose-Statistik,
b.) mit Ausschließungsprinzip.
(In beiden Fällen ⟨sind⟩ immer drei Freiheitsgrade zusammengefasst.) D. h., ⟨sie⟩ hängt zusammen mit der Symmetrieforderung für die Wellenfunktion. ⟨page⟩

---

[14] ▷Der Raum ist nicht das Gerüst der Natur, sondern das Gerüst unserer Sinneswahrnehmungen. (*Jeans*)(Anmerkung der Herausgeber: Siehe Fußnote 26 in QM II.)

(271. Wieso Anzahl der Freiheitsgrade von zwei Ladungen = 137?)
272. Momente, die erklärbar, aber nicht im physikalischen Weltbild enthalten sind:
  1. Ich bin in der Welt (Tatsache des Bewußtseins).
  2. Zeit und Ort von mir.
  3. Die Zeit „vergeht" in einer bestimmten Richtung.
  4. Zuordnung der Erlebnisse zu gewissen Begriffen des Weltbildes [„wieder erinnern", begriffliche Funktion].
263a. Vielleicht ⟨ist⟩ *Mneme* auch eine anorganische Eigenschaft und dann zur Erklärung der Entropiezunahme heranzuziehen. Dies würde allerdings der Ansicht, Entropie nimmt nur in der Erscheinung zu, widersprechen. ⟨Es⟩ kommt allerdings darauf an, was ⟨das⟩ Ding-an-sich ist:
  a.) = alle Monaden samt ihren Vorstellungen und ihren Beschlüssen + ihren Beziehungen, d. h. = unsere bestimmte Welt
  b.) = das mechanische System „Welt" = *in nuce* sämtliche möglichen Welten = System der Gesetze, welche die Beziehungen der Vorstellungen regeln (ohne spezielle Entschlüsse und Erlebnisse).
275. Vergleich von *Gibbs'*scher Mechanik mit Quantenmechanik mit *Dirac* (*Camb. phil. soc.*) Koordinatensystem (q_i und p_i gleichzeitig!)[15]
263b. Die Entschlüsse der Monaden und dadurch bedingte Erlebnisse bestimmen bloß einen „*Aspekt*" des Dings. Enthält das Ding in diesem Sinne schon die Aufspaltung ⟨? in⟩ verschiedene *Subj.?* ⟨*page*⟩
278. *Jord., Nat. 1932*,[16] zur *Statist.* in der Quantenmechanik. Nicht-Voraussagbarkeit des Zeitpunktes des Zerfalls eines Radiumatoms parallel ⟨der⟩ Nicht-Feststellbarkeit des Ätherwindes.
281. *Bethe, Nat. 21*[17]
  A. Die Schaltung der Reflexe ist derartig, dass ein bestimmter Erfolg garantiert wird (durch Rückmeldung durch Sinnesnerven), nicht direkte Kopplung von motorischen und sensiblen Nerven.
  B. Die Struktur des zentralen Nervensystems ist derartig, dass immer höhere Zentren mit immer allgemeineren „*Maximen*" einander übergeordnet werden. Höchste Maxim etwa: zweckmäßiges Verhalten. Beweis: zweckmäßiges Verhalten nach *Amput.* einzelner Teile des Nervensystems. Frage: Sind die höchsten Zentren noch lokalisiert?
282. Prinzipiell ist jedem finiten System S der Zahlentheorie ein umfassenderes S' zuzuordnen. S wird ergänzt durch die Schlussregel:
Aus $(n) Bew_S Num(F(n))$ darf geschlossen werden $(n) F(n)$.
Zu zeigen:
  1.) S' ist tatsächlich eine Erweiterung von S (der unentscheidbare Satz in S entschieden) (vorausgesetzt, dass Bew_S ⟨*page*⟩ in S ausdrückbar).
  2.) Ist S enthalten in einem transfiniten System, so auch S'.

---

[15] Siehe Fußnote 10 in QM II.
[16] Siehe Fußnote 11 in QM II.
[17] Siehe Fußnote 13 in QM II.

3.) Fortsetzung ins Transfinite mittels Ordinalzahlen, die in den niedrigeren Systemen definierbar sind, und Beweis, dass sie Ordinalzahlen sind. (Dafür ebenfalls zwei Beweise.)
283. Übergeordnete Organisationsformen:
1. Licht
2. Elektron, Proton, *Positron*
3. Kern
4. Atom
5. Molekül
6. Lebewesen
(Analogie zwischen Lebewesen und Atom: *Regeneration* und Einfangen eines Elektrons!)
Die Dinge der Stufe $n + 1$ sind nicht-räumliche *Aggreg.* der Dinge der Stufe n, d. h., ihr Zustand ist nicht durch das räumliche Verhältnis dieser Teile bestimmt. Z. B.: Zwei Wasserstoffatome können bei gleichem räumlichen Verhältnis in der Beziehung stehen:
1. „ein Wasserstoffmolekül bilden", oder
2. „zwei getrennte Atome bilden".
Ebenso können eine Anzahl von Atomen in dem Verhältnis stehen:
1. „einen Organismus bilden",
2. „einen Atomhaufen bilden".
(Unterschied zwischen Organismus und Maschine.)
Leben kann nicht erklärt werden durch feldmäßig fortgepflanzte Wirkungen.
⟨page⟩
Beweise: „Vielleicht Wuchern vom Körper abgetrennten Gewebes", „Wundmale Christi", „Besprechen der Warzen", „Brandblasen durch *Hypn.*", „Vererbung erworbener Eigenschaften".* Nur im Groben ⟨ist⟩ eine raumzeitliche Erklärung ~~möglich~~ und Beschreibung möglich (ähnlich wie bei Atomen). ⟨Die⟩ Frage, ob Hormone oder ⟨das⟩ Nervensystem Brandblasen bewirken, ist vielleicht sinnlos.
* „Zunahme der Zwillingsgeburten nach dem Krieg" |*Arch. f. soc. u. Demogr.* I, 1926, H. 4|, „plötzliches Ergrauen der Haare", „Hellsehen", „Orientierung der Brieftauben"

Die Quantenmechanik begünstigt die mystischen Lösungen der Fragen *Vitalismus*, Hellsehen, Gestalttheorie, Verhältnis von Gehirn und Bewußtsein, weil die anderen Lösungen lediglich aus der Annahme einer Raumzeit-Physik als Rahmen folgen.

Die Frage „Wie verläuft der Vorgang im Einzelnen raumzeitlich", die das fruchtbarste Mittel der Analyse einer Erscheinung ist, hat sich beim Prozess der Ausstrahlung eines Atoms zum ersten Mal als unfruchtbar und sinnlos erwiesen. Vielleicht ist es bei den oben unter „"-Zeichen stehenden unerklärlichen Erscheinungen ebenso. (Sie sind nur unerklärlich durch Stellung dieser Frage, d. h. Zugrundelegung der Raumzeit-Physik.) ⟨page⟩

286. *Maxwell*'sche Theorie ist die *Makrotheorie* des leeren Raums, ebenso wie Elastizitätstheorie und *Hydrodyn. Makroth.* des erfüllten Raums sind. Dabei heißt *Makroth.* eine Theorie, bei der die *integr.* Funktion des Bewußtseins bereits berücksichtigt ist. Feinstruktur (*Mikrotheorie*) ist in beiden Fällen *atomist.* und unräumlich. Beweis: Analogie zu Hohlraumstrahlung und Berechnung der *spez.* Wärme bei Tieftemperatur.

289. Verhältnis von *Matrizen* und Funktionen von $p_i q_i$ und von Berührungstransformationen und *unitär. Transf.*!

259a Analogie Elektron-Mensch hinkt dadurch, dass ⟨die⟩ Individualität der Elektronen nicht festgehalten werden kann.

291. Zum Zusammenhang zwischen Willensfreiheit und statistischer Physik:
   A. Einwand: Man kann ein Kollektiv seiner eigenen Handlungen bilden und dadurch jedes Gesetz widerlegen.
   B. Voraussagbarkeit aus Charakter. (Vielleicht Zeitpunkt nicht voraussagbar, ähnlich wie radioaktiver Zerfall.)

294. Zum primitiven Kausalbegriff (*Edd.*):[18]
   1. Fordert nur die Bestimmung der Zukunft durch Vergangenheit + eine Reihe willkürlicher Entschlüsse (die aus dem Nichts entstehen).
   2. Wenn die Ursachenkette durch mich verläuft, so ⟨page⟩ unterscheiden sich Vergangenheit und Zukunft (Ursache und Verursachtes) dadurch, dass das eine als Erinnerung, das andere als Zweckvorstellung ins Bewußtsein tritt. (Stellen eines Hebels)

295. ⟨Der⟩ Unterschied zwischen Impuls und Koordinate ⟨ist⟩ durch äußere Einwirkung feststellbar. Wie stellt sich das in der Quantenmechanik dar? Bewegungsgleichung bei äußerer Einwirkung.

296. Verzweigte Typentheorie kombiniert mit Ersetzungsaxiom gibt vielleicht ein System *S*, von dem man zeigen kann: Wenn *S* widerspruchsfrei ⟨ist⟩, dann ⟨ist es⟩ die gewöhnliche Mathematik.

297. Jede interne (d. h. vom zugrunde liegenden Mengensystem unabhängige) Konstruktion kommt nach abzählbar vielen Schritten zum Stillstand! (Mengentheoretischer Relativismus) [Was ergibt sich, wenn für abzählbare Mengensysteme angewendet?]

295a Nicht alle Einwirkungen sind Messungen. Durch was für Operatoren werden die anderen beschrieben??

298. Mögliche Auffassung der Quantenmechanik: Die Matrizen (als Funktionen der Zeit) stellen eine unendlich vieldeutige Lösung dar. (Wobei auch teilweise bestimmt ist, welche für verschiedene Größen die „zusammengehörigen" Werte sind.) [D. h. gewissermaßen: Die Lösung liegt auf einer unendlich vielblättrigen Riemann'schen Fläche.] Der „Zustand" bestimmt ⟨page⟩ den Ort auf dieser Riemann'schen Fläche, auf welcher sich der Beobachter befin-

---

[18] Siehe Fußnote 16 in QM II.

det. Entropiezunahme drückt sich nur in der Änderung des „Zustands" (nicht der *Matrizen*) aus, d. h., ist *subj.*

301. Die mengentheoretischen Antinomien sind Spezialfälle des allgemeinen Sachverhalts, dass bei Erweiterung der mathematischen Operatoren auf einen weiteren Argumentbereich gewisse Gesetze fallengelassen werden müssen (z. B.: Durch 0 kann man nicht dividieren.), nämlich das Gesetz $u \, \varepsilon \, \hat{x}\varphi(x). \equiv \varphi(u)$. Es muss noch ein anderer wirklich fruchtbarer Weg existieren, die Mathematik ins Transfinite fortzusetzen, als die Mengenlehre. Er führt wahrscheinlich über reelle Zahlen, Funktionen, *Matrizen, u.s.w.*

303. Entfernungstäuschung bei Objekten mit periodischer Struktur!

304. Prinzip, dass Lichtgeschwindigkeit = *max.*, kann nur *positiv.* (mit Berücksichtigung des Beobachters) formuliert werden. [Vielleicht ähnlich mit Entropiesatz und *Boltzm.* Annahme A.]

306. Wenn Wahrscheinlichkeitsgesetze als relative Häufigkeiten von gewissen Ereignissen der Welt formuliert werden, so ist das gegenteilige[19] Verhalten durchaus konsistent (durch Hinzufügung des Satzes „Ich bin ein Ausnahmefall"), denn es folgt aus den Wahrscheinlichkeitssätzen keine einzige Aussage ⟨page⟩ über irgendein raumzeitlich fixiertes Ereignis.
⟨Das⟩ Grundgesetz bezüglich relativer Häufigkeit lautet: Die Häufigkeit der wirklichen Fälle = Häufigkeit der möglichen Fälle.

307. Andere Auffassung: Wahrscheinlichkeit = Häufigkeit verschiedener möglicher Welten oder quantenmechanische Auffassung.

310. Daraus, dass die physikalischen Gesetze nur statistisch sind, folgt, dass eine Grenze für die Messgenauigkeit besteht, da auch die Übertragung auf die Sinnesorgane nur nach statistischen Gesetzen erfolgt.

311. Wie erfolgt der Tod durch R-Strahlen? ⟨Wird die⟩ Seele „weggestrahlt"? Schädigung des Zusammenhangs?

312. Jede interne Mengenkonstruktion (gleichgültig, ob finit oder transfinit) führt nach abzählbar vielen Schritten zum Stillstand. [Die Reihe der Ordinalzahlen ist dabei als gegeben anzusehen.].
Fragen:
  1. Gilt dasselbe auch für nicht-interne (d. h. Konstruktionen, in denen Existenzzeichen auf alle möglichen Mengen bezogen vorkommen)?
  2. Wenn nicht:
     a.) Kann man von irgendeiner nicht-internen Konstruktion beweisen, dass sie zu sämtlichen Mengen führt?
     b.) Oder kann man für jede solche Konstruktion zeigen, dass sie nicht zu allen Mengen führt?
     c.) Oder kann man zeigen, dass die Annahmen b.), a.) widerspruchsfrei sind? ⟨page⟩

313. Die internen Konstruktionen sind teils finit (A), teils transfinit (B), und sowohl A, als ⟨auch⟩ B zerfallen in transfinit viele Stufen. Analog steht es mit den

---

[19] ▷d. h. den Naturgesetzen widersprechende.

Beweisen. Kann man (für beide Fälle) zeigen, dass A ganz in der untersten Stufe von B enthalten ist? Insbesondere: Jedes A_n ist durch A_{n+1} abzählbar, und jedes A_i (und die ganze Reihe der A_i) ist durch B_0 abzählbar?

318. A. Scharfe Trennung in:
   1.) präzise Begriffe und Regeln (mathematisch),
   2.) unpräzise Begriffe und Regeln (physikalisch).
   (Auch die physikalischen Schlussregeln sind unpräzise: Zusammenhang zwischen statistischem Satz und Einzelsatz!)
   B. Außerdem Trennung in:
   1. formulierbare Sachverhalte (gewöhnliche),
   2. nicht formulierbare, z. B.: Ich bin K.G., jetzt ist es $\frac{1}{2}4^h$ nachmittags, 19./VIII. 1936.
   Hängt A mit B irgendwie zusammen?

[319. *Mystik:* Die Trennung der Welt in verschiedene *Subj.* (= räuml.) Trennungen ist nur ein verschiedener *Aspekt* der Trennung in verschiedene Zeitpunkte (= verschiedene Zustände desselben Subjekts). D. h. in Wahrheit: Ich (als Kind) : Ich (als Erwachsener) = Ich : Du]

320. Problem: Definition von gesetzmäßigen Folgen als: durch Maschine herstellbare Folge [Maschine, welche eine Folge von Maschinen herstellt: Und diese Diagonalfolge wäre etwas, was immer mehr ⟨*page*⟩ unorganisierte Materie in organisierte verwandelt (Keim).]

! Arbeitsprogramm ! zwischen 320 und 321

Die Struktur der Quantenmechanik 5

Der Gegenstand der Mechanik ist die Beschreibung des Verhaltens mechanischer Systeme, wobei ein mechanisches System ein aus irgendwelchen physikalischen Gebilden ~~zusammengesetzter~~ in beliebig komplizierter Weise zusammengesetzter Gegenstand ist ~~bzw. eine Menge von solchen Gegenständen~~. Dabei können zu den physikalischen Gebilden auch elektromagnetische Felder, geladene Konduktoren, *etc.* gehören Elektrolyte, *etc.* gehören. Dementsprechend kann das zu beschreibende
„Verhalten" auch zum Beispiel in einer elektrischen Entladung, einer chemischen Reaktion, *etc.* bestehen, denn bekanntlich fallen ja alle diese Vorgänge unter das Schema der klassischen Mechanik (eventuell *stat.* Mechanik). Ferner bezieht sich die Beschreibung des Verhaltens sowohl auf den Fall eines sich selbst überlassenen Systems, als auch von Systemen, in welchen der Beobachter irgendwelche Eingriffe vornimmt, ⌊wobei wir uns aber auf den ersteren Fall beschränken wollen⌋.

Wie sieht das Schema aus, nach dem die klassische Mechanik ~~das Verhalten~~ diese Beschreibung vornimmt? Es werden zunächst „Koordinaten" eingeführt, d. h., jedem möglichen „Zustand" des Systems wird eine Reihe von Zahlen q_i, p_i zugeordnet und umgekehrt. Ferner gehört dann zum System eine gewisse Funktion $H(q_i, p_i)$ dieser Koordinaten (die Energie), und die mechanischen ⟨*page*⟩ Gleichungen $\dot{p}_i = \frac{\partial H}{\partial q_i}, \dot{q}_i = \frac{\partial H}{\partial p_i}$ bestimmen dann den „Zustand" des Systems in jedem Zeitpunkt, wenn er zur Zeit $t = t_0$ bekannt ist. Es wird dabei vorausgesetzt, dass zwei Systeme derselben Natur, die sich in demselben Zustand befinden, sich durch nichts unterscheiden, d. h., jede an den beiden Systemen ausgeführte Messung (Beobachtung) führt zu demselben Resultat. (D. h., die Koordinaten charakterisieren das System vollständig.)

Die Beschreibung in der Quantenmechanik ~~verhält sich folgendermaßen~~ hat folgende Form: Es werden zunächst Koordinaten eingeführt, d. h., jedem „Zustand" des Systems wird ein Vektor eines gewissen komplexen Hilbert'schen Raums zugeordnet {d. h. eine gewisse komplexwertige Funktion, deren Definitionsbereich eine gewisse Untermenge der reellen Zahlen ist (und zwar dieselbe für alle möglichen Zustände) und zwar eine quadratisch integrierbare Funktion mit dem quadratischen Integral 1}. Unter einer zu einem System gehörigen „Größe" verstehen wir ein Messverfahren, das in jedem Zustand des Systems notwendig zu einem bestimmten Ergebnis führt. ⟨page⟩ Jeder Größe wird ein *Hermite*'scher Operator des ~~Zustandsraums~~ Vektorraums zugeordnet, wobei ein Operator *A Herm.* heißt, wenn $\mathfrak{v}A$ für jeden Vektor $\mathfrak{v}$ eine reelle Zahl ist. Ferner wird angenommen, dass auch umgekehrt jedem *Herm.* Operator eine bestimmte Messvorschrift entspricht.

Axiomatik d. Quantenmechanik

I *Gr. Dinge*
   1. *Systeme* (Ein System entspricht einer bestimmten raumzeitlichen Realisierung des betrachteten physikalischen Gebildes mit einem bestimmten „Schicksal".)
   2. *Zeitpunkte*
   3. *Zustände* (= mögliche Zustände)
   4. *Grössen* (= mögliche Messvorschriften)

   5. *Punkte d. Hilbertschen Raumes (Vektoren)*
   6. *Kompl. Zahlen*

   Df. Operator des *Hilbert*'schen Raumes ⟨page⟩
II *Gr. Begriffe*
   1. $Zu(s, t)$ = Zustand des Systems s zur Zeit mit der Maßzahl t
   2. $Z(\mathfrak{v})$ = Zustand, der zum Punkt $\mathfrak{v}$ des Hilbertschen Raumes gehört
   3. $Gr(O)$ = Größe, die zum Operator O gehört
   4. $G(s, t, g, \tilde{p})$ Zur Zeit t wird im System s die Größe $\tilde{g}$ gemessen mit dem Resultat $\tilde{p}$
   5. $T(t)$ Zeitpunkt mit der Maßzahl t
   6. $\mathfrak{v}\mathfrak{w}$ inneres Produkt zweier Punkte des Hilbert'schen Raumes
   7. $a\mathfrak{v}$ (a ist eine komplexe Zahl)
   8. H (eine bestimmte Grösse, welche die Energie des Systems darstellt)

   Ax.
   1. $Z(0)$ existiert nicht, sonst immer; Zu existiert immer.
   2. $Z(\mathfrak{v}) = Z(\mathfrak{w}) . \equiv . \mathfrak{v}$ prop $\mathfrak{w}$
   3. T und Gr sind *eineindeutig* und der Bereich von Gr besteht aus sämtlichen *hypermax. Herm. Operatoren.* ⟨page⟩

4. Zu jedem s, t gibt es <u>höchstens</u> ein Paar g, p, so dass $Gr(s, t, g, p)$ gilt.
5. Die Zeitpunkte t, für welche es ein g, p gibt, so dass die Relation G besteht, sind für jedes System s isoliert in dem Sinn, dass
   1. ein erster existiert,
   2. auf jeder endlichen Strecke nur endlich viele existieren.

Phantasieren über das Ding-an-sich 6

1. Dem Ding-an-sich fehlt die zeitliche Dimension. Die verschiedenen *Aspecte* der Welt zu verschiedenen Zeitpunkten unterscheiden sich durch unser Verhältnis (und zwar Wirkungsverhältnis) zur Welt nicht dadurch, dass die Welt zu verschiedenen Zeitpunkten verschiedene Eigenschaften hätte. Insbesondere ist vielleicht bei einer periodischen Veränderung das Ding-an-sich nach Ablauf der Periode dasselbe wie vor Ablauf. [Allgemeiner Fall entsteht durch *Superpos.* von Sinusschwingungen]. Genauer: Die Phase eines Zustands gehört nicht dem Ding-an-sich an, sondern drückt unser Verhältnis dazu aus.[1] Dem entspricht: Nur die *Heisenberg* Matrizen gehören dem Ding-an-sich zu. Die Rotation entspricht einem geänderten Verhältnis zu uns. [Die beiden Arten der Veränderung von φ

   1.) nach Schrödinger-Gleichung
   2.) durch Messung

   entsprechen vielleicht den Veränderungen ⌊unseres Verhältnisses zur⌋ der Welt

   1.) ohne unsere Einwirkung
   2.) durch unsere Einwirkung]

2.) Das Ding-an-sich, das auch nicht-räumliche Eigenschaften hat. Räumliche Eigenschaften sind ebenfalls Ausdruck unseres Wirkungsverhältnisses zum Ding bzw. entstehen dadurch, dass wir selbst ein Teil des Dinges sind und zu anderen Teilen in Beziehung stehen.⟨page⟩

---

[1] ▷Das heißt, wir bewegen uns gewissermassen in Kreisen um Dinge, aber in verschiedenen Kreisen mit verschiedenem Radius.

a.) ~~Absolute Zeit gehört nicht zum Ding-an-sich, sondern~~ ⟨ist⟩ ~~Erscheinung.~~
b.) ~~Raumzeitliche Struktur gehört nicht zum Ding-an-sich, Aufspaltung in Energie und Impuls ebenfalls.~~

~~Verhältnis der beiden zueinander~~
In der Relativitätstheorie besteht die Tatsache, dass Gleichzeitigkeit nicht dem Ding-an-sich zugehört, darin, dass dieselben Ereignisse einem Beobachter gleichzeitig erscheinen können, einem anderen nicht. Die Tatsache, dass Raum und Zeit (und Kausalität) nicht zum Ding-an-sich gehören, kann nicht darin bestehen, dass einem Menschen die Welt raumzeitlich erscheint, einem anderen nicht (oder die Kausalbeziehungen dem einen so, dem anderen anders erscheinen), sondern das „Raumzeit-Erscheinen" der Welt liegt an unserem Wirkungszusammenhang mit der Welt, und mit Wesen, die einen anderen Wirkungszusammenhang haben, wäre wahrscheinlich keine Verständigung möglich. [Du gleichst dem Geist, den du begreifst, nicht mir!] Dass die Quantentheorie nicht raumzeitlich ist, hängt vielleicht damit zusammen, dass durch die Raumzeitbeschreibung unser Wirkungszusammenhang mit der Welt nur in erster Näherung richtig wiedergegeben wird. [Genau so wie die Beschreibungen von Dingen, die sich im Raum in einer absoluten Zeit bewegen, die wahren Verhältnisse nur in erster ⟨page⟩ Näherung treffen, und in der allgemeinen Relativitätstheorie eine solche Beschreibung überhaupt unmöglich wird, d. h., es gibt wahrscheinlich keine physikalisch (allgemein) definierbare ~~Relation~~ Gleichheitsrelation, deren Äquivalenzklassen ein Schar dreidimensionaler Räume sind].

Entropie ist keine Eigenschaft des Dings-an-sich, sondern eine Beziehung des Beobachters zum Ding. [Darin drückt sich die von mir lange vermutete Tatsache aus, dass die Welt selbst nach beiden Zeitrichtungen völlig symmetrisch ist und die Unsymmetrie lediglich in der Erscheinung liegt. = Auflösung des *Paradoxons* mit dem Wärmetod, ferner = Auflösung des Umkehreinwands = Auflösung des Widerspruchs zwischen Reversibilität aller Elementarprozesse und Irreversibilität der Erscheinungen.]

Zwei diametral gegenüberstehende Auffassungen in der Deutung der Wellenfunktion:

A.) Die Wellenfunktion ist das Ding-an-sich *(Dirac).* [Hingegen sind die statistischen Gesamtheiten bloß Beziehungen zum Beobachter.] Durch eine Beobachtung wird also dieses Ding-an-sich durch Messinstrumente gestört und verändert. [Ein vorher auf zwei Strahlen aufgeteiltes Lichtquant wird durch Ortsmessung in einen Strahl gerissen.] Will man bei dieser Auffassung eine Kausalität [im Ding-an-sich] aufrechterhalten, so muss man sagen, dass es vom zufälligen [unbekannten] Zustand der Messinstrumente abhängt, ob die Störung in dem einen oder dem anderen Sinn ⟨page⟩ auftritt. Diese Auffassung *impliziert* Wirkungsausbreitung mit Überlichtgeschwindigkeit im Ding-an-sich [aber nicht für Signale verwendbar].

[Selbst wenn man den Zustand des Messinstruments vorher bestimmt, bleibt ein Phasenfaktor unbestimmt ? und daher keine genaue Voraussage möglich.]

B.) Die Wellenfunktion drückt bloß unser Wissen vom Zustand des Dings aus. Das Ding-an-sich sieht irgendwie anders aus und enthält mehr Parameter. Durch Beobachtung ⟨wird⟩ bloß unser Wissen zum Ding verändert. Strenge Kausalität im Ding-an-sich ist dadurch möglich, dass durch die ~~Parameter~~ verborgenen ⟨Parameter⟩ (in der Wellenfunktion nicht zum Ausdruck kommende Parameter, die prinzipiell nicht gemessen werden können) der Ablauf genau bestimmt ist (wenn auch für Menschen wegen U.B.R.[2] nicht vorhersagbar). Innerhalb dieser Auffassung auch noch möglich: Durch Beobachtung wird sowohl unsere Kenntnis verändert, als das Ding-an-sich gestört.

Unbestimmtheitsrelation in

A. Es hat keinen Sinn, nach genauen Werten von Impuls und Ort zu fragen, weil ⟨das⟩ Ding-an-sich kein Partikel ist ⟨und⟩ daher zunächst gar keinen Impuls oder Ort hat. Und wenn man versucht, ihm Ort und Impuls im Anschluss an die klassische Auffassung zuzuordnen, so geht das eben nur in beschränktem Ausmaß, d. h. innerhalb der Grenzen der Unbestimmtheitsrelation.

B. Im Ding-an-sich ist möglicherweise Impuls und Ort bestimmt, es ist aber keine Möglichkeit vorhanden, sie beide gleichzeitig genau zu messen. ⟨page⟩

Die beiden Auffassungen A, B müssen zu denselben Voraussagen führen und unterscheiden sich daher nur durch die Begleitvorstellungen.

Fragen:

1.) Ist es wirklich möglich, dass die verschiedenen Messresultate ⌊bei der selben Wellenfunktion⌋ sich bloß durch verschiedene Zustände der Messinstrumente erklären?
2.) Kann man die Quantenmechanik deuten

kausal	stat.
raumzeitlich	abstrakt

A.) durch eine raumzeitliche Theorie?
B.) durch eine kausale Theorie?
[C.) ~~durch eine korpuskulare~~]

---

[2] Unbestimmtheitsrelation.

	kausal	stat.
raumzeit	v.Neumann unmöglich	phän. Beschreibung? vielleicht auch unmöglich
abstrakt	φ Funkt.	uninteressant

Prägn. Ausdruck der Komplementarität
Das Ding-an-sich hat weder Wellennatur noch korpuskuläre Natur. Die Erscheinung ist je nach dem Standort der Beobachter bald wellenartig, bald korpuskelartig. [Das Ding-an-sich ist weder raumzeitlich noch kausal, sondern erscheint je nach dem Standort des Beobachters bald raumzeitlich und kausal, bald kausal und nicht raumzeitlich.] ⟨*page*⟩
Die Entwicklung scheint dahin zu gehen, dass im Allgemeinen immer mehr früher als absolut (dem Ding-an-sich zugehörige) geltende Eigenschaften sich in relative (d.h. in Beziehung zum Beobachter) auflösen. Dem entspricht, dass vieles, was früher als verschieden (an sich) galt, jetzt als gleich sich herausstellt, wobei die scheinbare Verschiedenheit nur durch das verschiedene Verhältnis zum erkennenden Subjekt zustande kommt. [Schleier der Erkenntnis besteht darin, zwei verschiedene Dinge als dasselbe zu erkennen.] D.h., das Ding-an-sich wird immer einfacher, indem die Mannigfaltigkeit der Erscheinungen unserem Verhältnis zum Ding zugeschrieben wird. Quantenmechanik: Wellenfunktion ~~betrifft~~ (gewichtete Faktoren der einzelnen Zustände) betrifft das Verhältnis des Beobachters zum System. Im Ding-an-sich sind alle Zustände gleichzeitig vorhanden (Heisenbergsche Matrix).⊛ Entropiezunahme der Welt gehört nicht zum Ding, sondern ist nur scheinbar. ⊛ D.h., in Wahrheit (an sich) ist jedes System nur <u>eines</u> Zustands fähig. Die Mannigfaltigkeit verschiedener Zustände erklärt sich ⟨durch⟩ die Mannigfaltigkeit der Verhältnisse, in denen wir zum System stehen können. In der Relativitätstheorie sind die verschiedenen Verhältnisse des Beobachters zur Welt nur insofern berücksichtigt, als der Beobachter einen verschiedenen Bewegungszustand haben kann. [Wenn man davon absieht, dass dieselben <u>Erscheinungen</u> durch verschiedene Koordinatensysteme beschrieben ⟨*page*⟩ werden können.]
In der Quantenmechanik wird im Verhältnis des Beobachters zur Welt auch berücksichtigt, welche Einwirkungen er ausübt, welche Messungen er ausführt, welche Messungen er zur Kenntnis nimmt. D.h.: Das Ding-an-sich ist wahrscheinlich weitgehend eindeutig bestimmt. [D.h. eindeutig aus der Theorie berechenbar, d.h., der früher durch die Theorie nicht bestimmte „Anfangs"-Zustand ist wahrscheinlich dem Ding-an-sich entzogen und zu einer Relation zum Beobachter gemacht.] Um aber daraus etwas über die wahrgenommenen Erscheinungen aussagen zu können, muss noch mehr bekannt sein als der Ort des Beobachters. (Bzw. die Weltlinie, was auch schon in der früheren Theorie der Fall war.) [Die Organisation des Beobachters scheint gleichgültig zu sein, indem die Erscheinungen für zwei beliebige sich ineinander übersetzen lassen.] Es muss bekannt sein, wie der Beobachter eingewirkt hat und was er wahrgenommen hat. Der Vektor der Wellenfunktion gibt offenbar das Verhältnis des Beobachters

zur Welt an. Zum Ding-an-sich gehört alles ⌊und nur das⌋, was kanonisch (bzw. orthogonal) invariant ist. Das sind im Wesentlichen bloß die Energie-*Niveaus*.
Die Tatsache, dass die zeitliche Entwicklung des Systems durch eine kanonische (orthogonale) Transformation ⟨*page*⟩ gegeben ist, bedeutet, dass das Ding-an-sich gleich bleibt, und nur unser Verhältnis zu ihm mit der Zeit sich ändert. ⟨*page*⟩
Die mathematische Regelmäßigkeit, welche die Erscheinungen zeigen, entsteht nur durch die Art, wie wir diese anschauen. (Ähnlich wie in einem *Kaleidoskop* die Regelmäßigkeit nicht in dem betrachteten Ding liegt.)
Frage: Ist die Theorie der Physik eine solche wie die arithmetische oder eine solche wie die Geometrie? (D.h., sind Selbsttransformationen vorhanden, die sie in sich überführt?) Scheinbar muss eine solche Selbsttransformation die Länge invariant lassen und vielleicht auch den Bewegungszustand. (Absolute Bewegung = Schwerpunktbewegung der Welt) Gibt es vielleicht auch durch die Theorie ausgezeichnete Raumzeit-Orte? Z. B.: Beginn der Weltexpansion. Diese wären dann sozusagen der „Mittelpunkt" der Welt. Doch ist nicht sicher, ob diese Charaktere dem Ding oder der Erscheinung zukommen.
Die große Rolle, welche Transformationen in den physikalischen Theorien spielen (Geometrie, Lorentz-Gruppe, Berührungstransformationen, *etc.*), hängt vielleicht mit Folgendem zusammen: Jedes Individuum ist einerseits verschieden von allen anderen, andererseits in den Eigenschaften gleich und vielleicht auch an sich gleich. Das heißt, die scheinbare Vielheit von Individuen in der Welt beruht darauf, dass wir uns selbst gewissermaßen unendlich oft gespiegelt sehen. Die Transformationsgruppe wäre dann diejenige Gruppe, welche die Spiegelbilder so miteinander permutiert, dass die Relation der Spiegelung erhalten bleibt. Unterschied: Das wirkliche Spiegelbild verhält sich genau identisch wie das Original, die Individuen verschieden (nur ungefähr gleich). Das könnte aber daher kommen, dass wir die verschiedenen Individuen gewissermaßen von verschiedenen Seiten sehen. D.h. wir sehen in unserem Spiegelbild Seiten von uns, ⟨*page*⟩ die wir durch direktes Beschauen von uns nicht wahrnehmen können, ähnlich wie wenn wir uns selbst in einem Zeitspiegel sehen würden. Dass das in einem Spiegel wahrgenommene Individuum ein Spiegelbild von uns selbst ist, ist eine Entdeckung, die noch in die Affenzeit fällt. Dass dasselbe auch bezüglich anderer Individuen gilt, ist eine irdische Weisheit. Der Satz „Das bist du" sollte eigentlich heißen „Das ist dein Spiegelbild". Das unheimliche Gefühl, wenn man sich in zwei Spiegeln unendlich oft gespiegelt sieht, beruht vielleicht darauf.[3] Bei einem gewöhnlichen Spiegel stellt die Theorie, dass nicht hinter dem Spiegel ein ähnliches Individuum sich bewegt (sondern bloß ein Spiegelbild), an das Abstraktionsvermögen keine großen Anforderungen und ist daher allgemein *acceptiert*. Anders wäre es in einer Affengesellschaft. Vielleicht wird eine Zeit kommen, in der die Theorie, dass alle Menschen bloß Spiegelbilder voneinander sind, ebenso selbstverständlich *acceptiert* werden wird. Die Spiegelbilder können mehr oder weniger direkt und dann dem Original mehr oder weniger ähnlich sein. Das

---

[3] ▷Ebenso das Unheimliche, das mit einem Doppelgänger verbunden ist.

direkteste Spiegelbild ist das gewöhnliche, welches daher allgemein als solches erkannt wird. Kann nicht auch mein Spiegelbild sagen, dass ich sein Spiegelbild bin? Offenbar ist der Spiegelungsprozess in einer solchen Weise *sym.*, dass jedes Individuum mit jedem unter Aufrechterhaltung der Spiegelungsrelationen vertauschbar ist [Transitivität der Spiegelungsgruppe]. Verhältnis zur *Leibnitz*'schen *präst.* Harmonie der Monaden?[4] ⟨*page*⟩

Es wäre eine physikalische Theorie denkbar, in welcher die Erscheinungen, die ein Spiegel zeigt, dadurch erklärt werden, dass in dem Raum hinter dem Spiegel Gegenstände angenommen werden, deren Verhalten mit denen vor dem Spiegel naturgesetzlich verbunden ist. Diese Theorie ⌊(A)⌋ würde sich bei der Deutung der Erscheinungen aber im Allgemeinen nicht bewähren. Die übliche Raumzeittheorie der Physik verhält sich zur allgemeinen Tatsache der Spiegelung ebenso wie die Theorie (A) zur gewöhnlichen Spiegelung. (Auch die raumzeitliche Theorie der Physik kommt schließlich in Widerspruch mit der Erfahrung.) Der Sinn von Raumzeit ist ja gerade, dass sie es ermöglicht, die Dinge, welche in Wahrheit eins sind, als voneinander verschieden und naturgesetzlich verknüpft zu betrachten. D.h., die Verknüpftheit zwischen Spiegelbild und Gegenstand ist das Urbild aller Gesetzlichkeit. D.h., Gesetzlichkeit gibt es nur soweit, als dasselbe Ding als verschieden erscheint. Die Bewegung des Spiegelbilds hängt natürlich von meiner Bewegung ab, daher das Verhalten der Dinge von meinem Verhalten. Die Individualisierung in der Physik (Elementarteilchen) ist vielleicht dieselbe wie die in der Biologie, und jedes Individuum ist einfach ein Spiegelbild des unteilbaren Ich. Die Wellenfunktion eines Moleküls und ⟨*page*⟩ die Wellenfunktion der einzelnen des konstituierenden Atoms verhalten sich ähnlich zueinander wie der Zustand einer Monade zu den ihr untergeordneten Monaden.

Vielleicht ist eine reine Wellentheorie zur Beschreibung der Erscheinungen schon deswegen ungeeignet, weil in ihr nicht aus dem Verhalten eines einzelnen Raumstückes auf die ganze Welt geschlossen werden könnte.

Das Verhalten des Spiegelbilds hängt ausschließlich vom Verhalten des Gegenstands ab. Wieso gibt es dann plötzlich gesetzmäßige Erscheinungen, welche von unserem Verhalten ganz unabhängig sind (Astronomie, Meteorologie, *etc.*)? Vielleicht spiegeln diese nur so allgemeine Eigenschaften des Ich, dass diese nicht geändert werden können, ohne den ⟨? Tod⟩ herbeizuführen.

---

[4] ▷Die Monaden sind Spiegel der Welt. Und da „Welt = ich", so sind die Monaden selbst Spiegel.

Physik 1935

1.) Bei einer Theorie gibt es zwei Stadien:
   a.) Man spricht von Dingen und Messinstrumenten (Urmaßstab) und beschreibt durch Gleichungen das Verhalten beider und die Beziehungen zwischen ihnen.
   b.) Man beschreibt nur das Verhalten der Körper und deduziert daraus das Verhalten der Messinstrumente. So ist es wenigstens in der *Rel.*-Theorie. Vielleicht auch in der Quantenmechanik.
2.) Beim Satz, dass die Bewegung eines mechanischen Systems in dem Sich-Entwickeln einer Berührungstransformation besteht, spielt die Zeit eine wesentliche Rolle. Was tritt an Stelle der Zeit, wenn man den Satz auf den ganzen Zustandsraum inclusive Zeit anwendet?
3.) Sind in *kolloidalen* Eiweißlösungen die einzelnen Teilchen schon die Moleküle? Kann man in einer Kolloidlösung die einzelnen Teilchen sichtbar machen?
4.) Neuer Beweis der Unmöglichkeit einer raumzeitlichen Quantenmechanik. ⟨*page*⟩

Physik (1935)
Tafel *Astron.* Konstanten

Biologie: Mögliche Anwendungen der Mathematik:

a.) Wie viele Generationen seit Beginn des Lebens bis zum Menschen? Wie schnell muss die Entwicklung vor sich gegangen sein? (Zufällige Schwankungen wie groß?)
b.) Anzahl der möglichen Molekülgruppierungen in einer Keimzelle daraus berechnen. Wie große Schwankungen der Eigenschaften des Tiers ruft die kleinstmögliche Schwankung der Eigenschaften der Zelle hervor?

c.) Kann man die Größe der Teilchen eines *filtrablen virus* messen durch Filtern?
d.) Kann man Kulturen aus *filtr. virus* züchten?

Melodie: Mach' mir eine Liebeserklärung ⟨*page*⟩

1.) Die Unsymmetrie zwischen Koordinate und Impuls, die empirisch zweifellos besteht, scheint in der Quantenmechanik überhaupt nicht berücksichtigt zu sein. Der Unterschied zeigt sich *u. a.* ⟨darin⟩, dass eine Impulsmessung ohne Impulsstörung eine unendlich lange Zeit erfordert, eine Ortsmessung ohne Ortsstörung eine beliebig kurze. [Die Messungen, für welche die statistischen Gesetze der Quantenmechanik gelten, sind Messungen ohne Störung der gemessenen Größe. Sonst[1] könnte das Axiom, dass eine wiederholte Messung dasselbe Resultat gibt, nicht gelten.] Wie ist überhaupt eine Impulsmessung ohne Impulsstörung bei einem gebundenen Elektron möglich, dessen rasche Zustandsänderung eine Messung in einer relativ kurzen Zeit nötig macht?
2.) Macht sich bei ⟨einer⟩ sehr genauen Waage wirklich die Brown'sche Bewegung bemerkbar? ⟨*page*⟩

⟨*Astronomische Zahlen*⟩
⟨Die Notizen auf dieser Seite beziehen sich auf die Folgeseite.⟩

1.) Für die Wechselwirkungstheorie gibt es demnach $4 \cdot 4 = 16$ Möglichkeiten.
⊗ 2.) Der Übergang von 3 zu 4 (in beiden Fällen) entspricht vielleicht einer *Lapl. Transform.*, im Falle des Lichts einer Berechnung des Energieströmungsfeldes. (Lokale Entwicklung ist ein *Fourier Integral*.)

⊗ Die Größe, die gemessen wird, und die Versuchsanordnungen zu ihrer Messung sind dabei einem der früheren Handbilder entnommen. Bezüglich der Versuchsanordnungen sollte man lieber so vorgehen, dass man gewisse Messinstrumente (für Klasse, Ort, Impuls, Feldstärke, *etc.*) unter die Grunddinge der Theorie aufnimmt. Später vielleicht entbehrlich, so wie in ⟨der⟩ Relativitätstheorie. ⟨*page*⟩

1. Was ist klassisches Partikelbild, etc.
   Es gibt:

A. 1.) Ein klassisches Partikelbild der Materie (*Boltzmann, Thomson*)
   2.) Ein quantentheoretisch verbessertes Partikelbild der Materie (*Sommerfeld*)

   3.) Ein klassisches Wellenbild der Materie (kontinuierliche Elektrizitätsverteilung, nach einem Wirkungsprinzip sich bewegend) (*Einstein, Kaluza*)
   4.) Quantentheoretisch verbessertes Wellenbild der Materie (*De Broglie, Schrödinger*) *Debye*, spezifische Wärme

---
[1] Im Text steht „Sondern".

B. 3.) Klassisches Wellenbild des Feldes (*Maxwell*)
? 4.) Quantentheoretisch verbessertes Wellenbild des Feldes (*Hohlraumstrahlung nach Debye*)
nicht vorhanden

? 1.) Klassisches Partikelbild der Strahlung[2]
? 2.) Quantentheoretisch verbessertes Partikelbild der Strahlung

C. Quantenmechanik = Verzicht auf raumzeitliche Beschreibung der Vorgänge. Es werden bloß Voraussagen darüber gemacht, was für Messungsergebnisse zu erwarten sind, nachdem gewisse Messungen gemacht wurden. ⊗ ⟨*page*⟩

⟨hinzugefügt links neben A./B.:⟩
Anschauliche Beschreibung = Beschreibung durch ein Bild in Raumzeit

1.) Beweis gegen eine konsequente ~~Durchführung~~ Durchführbarkeit von 2a: (Partikelbild mit Bahn)
Stern Gerlach und *Polarisation* des *Lichts*

⊗ *Konkrete Aufgaben:*

1.) *Verhältnis von 3a zu 4a*
2.) *Ergänzung von 1b, 2b, 4b*
3.) *Entscheidung der Frage, ob* ⟨in⟩ *2ab (bzw. 4ab) Beschreibung der Erscheinungen möglich*[3]
4.) *Umformung von C in eine objektive Theorie (Einschluss der Beob. in's System, Elimination des subj. Mom. der Wellenfunktion, Elimination des Messinstr.)*
[Koordinate und Impuls haben einen wesentlichen Unterschied hinsichtlich der Beeinflussbarkeit, der sich auch in der Quantenmechanik irgendwie zeigen muss.] ⟨*page*⟩

---

[2] Dieser und der folgende Punkt sind mit einer geschweiften Klammer zusammengefasst, an der steht: „nur Ansätze".
[3] ▷Das ist die Frage, ob das Reden von dem unanschaulichen Charakter der Quantenmechanik unsinnig ist.

Literatur Physik 8

⟨**22-209R**⟩
Bücher
? Geschichte der Optik   *Schlagwortkatalog*!

Mach	Princ. Wärmelehre, Analyse d. Empfind.
Eddington	Bau d. Sterne
Eddington	Rel. Theorie
Pauli	Rel. Theorie. Enc. V 19, *Bericht über* Mie-*Theorie*
Sommerfeld	Atombau u. Spektrallinien
Bohr	*Nobelvortrag*? Bau d. Atome, 1924
	Atomth. u. Naturbeschr., 1931 (I495433)
	Abh. über Atomb., 1921 (I448139)
	3 Aufs. über Spektren u. Atombau, Braunschw. 1922
	Über die Quantentheor. d. Liniensp., " 1923
Fowler R.H.	Stat. Mechanik, I475552/8
Gamow	Bau d. Atomkerns
Riemann Mieses	Math. Phys.
Courant Hilbert	II. Aufl.
Herzfeld	Wärme, Müller Pouillet III 2
Heisenberg	Quantenmech.
Born	Probl. Atomdyn. (1926)
	Optik
	Quantenmech.
Frenkel	*Lehrbuch der Elektrodynamik,* Berlin 1926

⟨**22-210L**⟩

Born	Vorl. *über* Atommech., ⌊ 1. Bd.*zur Quantenmechanik* ⌋
	I453206 ? *hier Behandlung mehrfach* period. Systeme
	Die Rel. Theor. Einsteins *und ihre physikalischen*
	Grundlagen, 3. Aufl. 1922
Fuess	Hb. Ph. V, 3, 4, *Störungstheorie*
Planck	Wärmestrahlung
Kant	Kritik d. Urteilskraft
Abraham	Elektrizität M.S. 28040
Ehrenfest	Enc. IV Stat. Mech.
Haas	Theor. Phys., *neue Auflage*
	Kosmol. Probl. d. Ph. M.S. 2972
	Nat.bild d. neuen Ph. M.S. 2757
	Welt d. Atome 2324, 2366

⟨**22-210R**⟩

F. Medicus	*Freiheit des Willens und seine Grenzen,* 1926
Debye	Struktur d. Materie
	Polare Molekeln, Leipzig 1929
Nernst	Neuer Wärmesatz (*Theorie und experimentelle Grundlagen*)
Hermholtz	Monocykel Enc. V 3
Hellinger Toeplitz	Integralgleichungen Enc. II 3 (9) 1927
Hilbert	*Grundzüge einer allgemeinen Theorie der linearen*
	Integralgleichungen, Teubner 1912
Riemann Mises	Integralgl. p. 506, <u>535</u>, <u>482</u>
Kottler	Rel.theorie Enc.
	Stellarastron. Kosmog. Enc.
Grotrian	Spektren (graphisch), Berlin 1928

⟨**22-211L**⟩

F. Vieweg & Sohn, Ak. Verl. Ges., Joh. Amb. Bart

Bücherverz. Teubner, Hirzel, Springer 1935. Franck' *sche Verlagshandlung*

(*und Zettel Katalog*)

Phys. Tabellen – Landolt Börnstein

Bochner	Fourier Int.
	1. lokale Zerlegung eines Strahlenfeldes,
	2. monochr. *Zerlegung,*
	3. *Zerlegung von Funktionen, die einer*
	Diff.*gleichung genügen*
Schrödinger	Gesichtempf.
	Müller-Pouillet 2/I (*Genügt schon ein einziges Lichtquant?*)
	Über Indeterminismus
	Verh. der 3 *zur* 4 Farbenl.
Poincaré	Methodes nouv. de la mec. celeste
⟨Lorenz⟩,	
⟨Einstein⟩,	
⟨Minkowski⟩	Das Relativitätsprinzip, Teubner 1922
Leibniz	*Streitschrift gegen* Clarke, *Gesamtausgabe* Cassirer I p. 182
Wegener Alfred	Die Entstehung der Kont. und Ozeane, Vieweg 1929, 4. Aufl.
Bottom the weaver	
Anatole France (Chien Riquet)	
Franc. Encycl.	

⟨22-211R⟩

Franck Jordan	Anr. *von* Quantenspr. *durch* Stösse, Berlin 1926
[Pringsheim	Fluor. u. Phosph., 3. Aufl., Berlin 1928]
L. de Broglie	Einf. *in die* Wellenmech.
Hölder	Die math. Methode
Exner	Vorlesungen (*hier* akausale Nat. Beschr.) 1919
Pauli	Buch über Quantenmech.
	(*in* Geiger Scheel Hb. Bd. XXIII)
Hertz H.	~~Mechanik~~ Die Principien d. Mechanik
Pascals Repertorium	
Kirsch	Geologie und Radioaktivität, Springer 1928, 214 S.
O. Hahn	*Was lehrt uns die Radioaktivität über die Geschichte*
	der Erde, Springer 1926, 64 S.
Kirchhoff	Vorl. *über mathematische* Optik & Berl. Ber. 1882
Poincaré	Math. Theorie d. Lichtes, Berlin 1894 [6 §79, 80]

⟨22-212L⟩

H. v. Baravalle	*Zahlen für Jedermann,* Francksche Verlangsh. 1934 *oder* 35
Math. Phys. Bibl. Verz.	
Ostwald's Klassiker (Verz.)	
J.H. Jeans	E. Marx Handbuch d. Radiologie

Was für eine Zeitschrift ist Ent ?

Lichtenstein	Hydrodyn.
Lamb	Hydrodyn.
Sommerfeld	Der Kreisel
Jacoby	*Vorlesungen über* Dynamik
Boltzmann	*Vorlesungen über die Prinzipe der Mechanik*

Routh   Analytical Dyn.
Kirchhoff   Mechanik
C. Müller u.
Prange   Allg. Mech., 1923
Encycl. IV, P-adische *Zahlen* Enc. ?
Mechanik u. Optik Hb.
H. Poincaré   Thermodynamique
Hund   Linienspektren u. period. Systeme, Berlin 1927
Pauling,
Goudsmit   Structure of Line spectra, New York 1930
Hb. Ph. XXI (1928)
Weber, Gans Repertorium der Physik
Maxwell   Subst. u. Bewegung, 1879

* *und* Phil. Mag. 47 (1924), 785

⟨**22-212R**⟩

Boltzmann   Festschrift, 1904
Boltzmann   Gastheorie *und* ges. Abh.
Eddington   The Nature of the phys. world, 1928
                Diskussion des Wärmetods Chap. IV
Relat. Cosmol. Thermodyn. (Int. Series)
Love   Theor. Mech.
⟨Auerbach⟩,
⟨Horst⟩   Hb. d. phys. u. techn. Mech.,
                Auerbach u. Horst, Leipz. 1927
Bohr   *Unbestimmtheitsrelation,* Nat. 16 (1928)
                Psychophys., Nat. 17 (1929)
                Widersprüche zwischen zwischen ⟨*sic*⟩
                individuellen Erhaltungssätzen, Z.P. 34 (1925), 142
⟨Campbell⟩   [*Im Anschluss daran statistische Auffassung des*
                Zeitbegriffs, Campbell, Phil. Mag. I (1926), 1106]
Korresp. Princ. Kop. Ak. 1918, 1923 *
                1919 (Krämers)
Falsche stat. Theorie *widerlegt durch*
Compton Simons Z.P. 24 (1924) p. 69
⟨Bohr⟩   *Erste Arbeit über Atommodell*
                Phil. Mag. 26, 1 (1913), 474, 857
Kopenhagener Kreis <u>ab 1927,</u> *Arbeiten über physikalische Interpretation und*
Unbestimmtheitsrelationen
⟨Bohr⟩   *Über die Quantentheorie der Linienspektren,*
                Braunschw. 1923, p. 10 *und* p. 32
                adiabatische Überführung verschiedener
                Quantenzustände ineinander und Berechnung
                der Energiefrequenz daraus
                Disk. *der Grundlagen,* Z.P. 13, 117, 1923

* *vielleicht identisch mit* Copenhague Memoires (8) IV 1, 1918,   p. 34, p. 60

⟨22-213L⟩

Bohr	Linienspektren u. Atombau, Ann. 71, 228, 1923
Heisenberg	*Unbestimmtheitsrelation,* Z.P. 43 (1927)
	Resonanz *bei Atomen mit mehreren Elektronen,* Z.P. 41 (1927), 239
	Streustrahl., Z.P. 31 (1925), 681
	[*Grundlagenarbeit für die Quantenmechanik,* Z.P. 33, 879, 1925] *historisch*
	ferner zusammen mit Born, Jordan, Z.P. 35, 557, 1926

[*ferner*
Born, Jordan Z.P. 34, 858, 1925] *historisch*
Jordan   Z.P. 37, 376, 1926
statistische Deutung:

Born	<u>Z.P. 38, 803, 1926, und 37, 863</u>
Dirac	Proc. roy. (A)$^{\otimes}$ 109, 642, 1926
	<u>113, 621, 1926</u>
	Proc. Camb. Phil. Soc., Okt. 1928
Jordan	Z.P. 40, 661, 1926
	40, 809, 1926
	Gött. N., 1926, 161

Transformationstheorie
Heisenberg Z.P. 40, 501, 1926
[Pauli   Z.P. 41, 81, 1927]
Jordan, Born <u>*Nat*.15, 1927; 105, 238—</u>

$^{\otimes}$ *ferner* 110 (561); 111,(281,405) Poissonsche *Klammersymbole*

⟨22-213R⟩

Jordan, Wigner Z.P. 47
Jordan, Pauli   47
[Jordan, Klein *Beginn der II. Quantisierung,* Z.P. 45, (1927), p. 751
⟨Klein⟩   *Vorläufer der* Dirac*schen Lichttheorie,* Z.P. 41, 407]
<u>*mögliche Verwendung der Kaluza-*Theorie *in* ⟨*der*⟩*Quantenphysik*</u>

⟨Klein⟩	Z.P. 46 (188)
Born	Stat. Deutung, [Z.P. 37 (1926)]
	<u>Z.P. 38, 803, 1926</u>
Laue	Entropie koh. Strahlen, Ann. Ph. 20 (1906)

⟨22-214L⟩

Einstein *Über Erklärung der Quanten durch Überbestimmung*,
        Preuss. Ak. 1923, p. 359
        Bemerkung, die Schrödinger inspiriert, Berl. Ber. 1925, p. 9
        III. Haupts., V.D.P. 12 (1914)
        Lichtqu.hypt., Ann. $\underline{\underline{17}}$, ⌊p. 132, 1905⌋, 20, ⌊199, 1906⌋,
            Z.P. 10
        Gasentartung, Berl. Ak. 1924, 261
                            1925, 3
        V.D.P. 1909, 1916–18
        II. Hauptsatz
        Ann. 9 (1902), p. 417
        —" ~~11 (1903), p. 170, (Theorie der Grundlagen)~~
        Vortrag *zu* Plancks 60. *Geburtstag* 1918
        Expand. Univers?
        <u>*Über die Entwicklung unserer Anschauungen vom Wesen*</u>
            <u>*der Strahlung*</u>, Vortrag
            Salzburger Nat.*schaften* Tag, P.Z. 10, 1909, 817

Weitere Diskussion
Stark
Sommerfeld[×] P.Z. 11, 1910, 24, 99
<u>Lorenz</u>   P.Z. 11, 1910, 1248, 849
Marx E.   *Theorie der Akkumulation der Energie*,
            Ann. Ph. 41, 1913, 161
Smekal   Wien. Anz. 1922, No. 10, p. 79
Kottler   Wien Ber. 1920, (127a ?)
Einstein   Geom. u. Erfahrung

[×] At. Sp. *Zusatz* 6

⟨22-214R⟩

Bose   *Ableitung des Strahlungsgesetzes aus Lichtquanten*
         und Bose Stat.
         Z.P. 26, 1924, 178
              27, 1924, 384
⟨Einstein⟩ Fernparall., Preuss. Ak. Wiss., 1928, p. 217, 224;
            1929, p. 2
vielleicht mehr zitiert in
Wigner   Z.P. 53, 592, 1929, *Zusammenhang mit Spin*
Einstein *Braunsche Bewegung*, Ann. Ph. (4) 19, 1906, p. 371
Broglie   *Abhandlung, die Schrödinger inspiriert*
         Ann. de. Ph. 10 (3), 1925, p. 22
         Phil. Mag. 47, 1924, 446

8 Literatur Physik

Simon   *Vortrag auf* Phys. Tag. *in* Danzig 1925 *über*
                   „III. *Hauptsatz und Unerreichbarkeit des*
                   absoluten Nullpunktes", Zs. Ph. 38, 1926, p. 227,
                   Hb. Ph. X, 395–398
Compton Simon (Compton Effekt)
                   Phys. Rev. 26 ⌊(*vielleicht* 25)⌋ (1925)$^{\otimes}$, 306, 289
⟨Debye⟩   Ph. Z. 24 (1923), 161 (Debye)
Bothe Geiger   *Stöße zwischen Lichtquanten und Elektronen*,
                   Z. Ph. 32 (1925), 639
                   Hb. Ph., Bd. 23, Kap. 3, §73
$^{\otimes}$ & Wash. 11, 303, 1925

⟨22-215L⟩

Szillard   *Ausdehnung der Thermodynamik auf die*
                   Schwankungserscheinungen, Z.P. 32 (1925),
                   Unmöglichkeit, die Schwankungserscheinungen
                   auszunützen
                   Diskussion des Dämons, Z.P. 52 (1929)
Smoluchowsky   *Unmöglichkeit, die Schwankungserscheinungen*
                   für Perp. auszunützen, Vorträge über kin. theor.
                   d. Materie u. El. 1914, p. 89
⟨von⟩ Neumann   Ergodensatz
                   Proc. Nat. Ac. Am. Jan. March 1932 (18)
⟨Birckhoff⟩   Proc. Nat. Ac. Am. Dez. 1931 (Birkhoff)
Einh. Gesamtheiten
⟨von Neumann⟩   Gött. Nachr. 1927
⟨Weyl⟩   Zs. Ph. 46 (1927) Weyl
⟨von Neumann⟩   Z.P. 57 (1929), Erg.satz in d. Quantenmech.
                   Darst. *Theorie* (*Beweis, das jede* Matrix-*Gruppe*
                   analyt. *ist*)
                   Math. Zs. 30 (1929) p. 3–42, *Beweis, dass jede*
                   kontinuierliche Gruppe analyt. *ist*
                   Annals II 34, No. 1 (1933)

⟨22-215R⟩

Ladenburg - Kramers, Disp. Theorie
⟨Ladenburg⟩   Z.P. 4 (1921)
⟨Heisenberg⟩,
⟨Kramers⟩   ⟨Z.P.⟩ 31 (1925) Heisenberg
⟨Ladenburg, Reiche / Kramers⟩   Nat. 11 (1923)
⟨Kramers⟩   Nature 113 (1924), 673
⟨Breit⟩   114 (1924), 310
Franck Hertz   V.D.P. 15 (1923), 613
                Nat. 14 (1926), p. 211

Weyl Streckenspektren
       Math. Ann. 68 (1910), 220
       Gött. Nachr. 1910
⟨Hilb⟩ Sitzber. Phys. Med. Soc. Erlangen
       43 (1911), p. 68 (E. Hilb)
       Math. Ann. 71 (1911) p. 76 (E. Hilb)
       [Math. Ann. 66, Hilb]
Wirtinger Streckenspektrum
       Math. Ann. 48, p. 387
Stern *Mischkristalle,* Ann. [4] 49 (1916), 823

⟨**22-216R**⟩

Sackur   III. *Hauptsatz und Quanten,*
           Ann. 4 (34), 1911, 465
Schrödinger *Erklärung des unstetigen Energieaustauschs
           aus der Wellenmechanik,* Ann. 83
           Antrittsrede Ak. Wiss. Berl., Sitzber. 4./VII. 1929
           Comptoneffekt, Ann. 82 (1927), p. 257
           Nat. 14, 1926, 664, *Wellenpakete, die sich wie
              Partikel bewegen*
           Nat. 12, 1924, 720, *Widerspruch der* Bohr. Kr.
              Slater *Theorie* gegen statistische Mechanik
              (*Schwankungserscheinungen*)
L. de Broglie Ann. de phys. sér. 10 ⌊(37)⌋, 2, 1925, p. 22
           Ondes et mouvement, Paris 1926
           Phil. Mag. 47, 446, 1924
              Einf. in die Wellenmechanik
Quantenmechanik historisch
⟨Schrödinger⟩ Ann. (4) 79, 361, 489, 734, 1926
           Ann. (4) 80, 437, 109, 1926
⟨Schrödinger⟩ Comptoneff., Ann. (4) 82, 1927, 257
           Energie und Impulsprinzip, Ann. (4) 82, 1927
           Energieaustausch, Ann. (4) 83, 1927
           nur in französischer Ausgabe

⟨**22-216R**⟩

Darwin *Über das Verhalten von Wellengruppen in Kraftfeldern*
       Proc. roy. Soc., Ser. A 117 (1927), p. 258
⟨Bohr⟩ [? *Lebensdauer statistischer Zustände,*
       Z.P. 13 (1923), 117]
exp. Stern-Volmer, 1919
Baer   *Über* Ehrenhafts Subel. + *Widerlegung*
       Nat. 10 (1922), 322
       [Ann. 67 (1922)]

Epstein u.
Ehrenfest Beug.-*Erscheinungen nach klassischer Quantentheorie,*
 Proc. Nat. Ac. Am. 10 (1924) |*Fraunhofer*|, 133
 Phys. Rev. 23 (1924) |Fresnel|, 663
Geochemie
⟨Rösch ⟩ Nat. 12 (Rösch)
⟨Paneth⟩ 13 (Paneth)
⟨Goldschmidt⟩ Nat. 14 (Goldschmidt) 1926, p. 296
 ~~Goldschmidt~~

⟨22-217L⟩

⟨Goldschmidt⟩ Det Norske Vid. Ak. i. Oslo Skr.,
 Math. Nat. Kl. 1922–1926 (Goldschmidt)
 1922, No. 11, 1923, No. 3, 1924/4,5, 1925/5,7,
 Fortsch. Min. Krist. Petr. 17 (1933), p. 112
Siegbahn *Brechung von* Röntgenstr., Nat. 12 (1924), 1212
⟨Nardroff⟩ [Phys. Rev. 24, 113 ⟨143?⟩, 1924 (Nardorff)]
Smoluchowski Göttinger Vorträge über die kin. Theorie der Materie,
 Wolfskehlkongress 1913, Teubner 1914
 Unmöglichkeit des Perp. II. Art: Ph. Z. 13 (1912), 1078
Weyl Konvexe Flächen, Vierteljahrsschrift
 d. nat. forsch. Ges. Zürich
 Analyse des Raumproblems
 Was ist Materie, 1924
 Phil. d. Math. u. Nat.
 Hb. d. Phil., Abt. II, Berl. 1927
Exner Alychne, Wiener Ber. (2a)
 127 (1918), p. 1829, heterochr. Phot.
 129 (1920), p. 27, heterochr. Phot.
 131 (1922), p. 636, (*totale Farbblindheit*)

⟨22-217R⟩

Schrödinger Müller Pouillet 2, I
Exner, Steindler, Richtera, Hauer
über Schnittpunkte der Grundempf.kurven, Wiener Ber. (2a)
⟨Exner⟩ 111 (1902), Juni, Exner
⟨Steindler⟩ 115 (1906), p. 39, Steindler
⟨Richtera⟩ 122 (1913), p. 1915, Richtera
⟨Hauer⟩ 123 (1914), p. 629, Hauer
Schrödinger Nat. 12, 1924, 927
König 1886, *Bestimmung der Grundempfindungen* (Ges. Abh.)

Borel   Neue Anschauungen über Inw.
            Journ. d. Phys. 3, 189 (1913)
            [Ann. ec. norm. (3) 23, 1906, p. 9]
            [Méc. stat. class. 1925, Gauthier Villars (Paris)]
Boltzmann Ann. Phys. 60, 1897, p. 396
            Welt als Schwankungsersch.
            gegenteilige Ansicht = notwendiger Wärmetod
            Pop. Schr., p. 33 (1886)
            Wien. Ber., p. 711 (1871)
Zermelo *Einwand gegen* II. Haupts. Wied.
            Ann. 59, 1896, p. 793
Hilbert   *über Gastheorie*, Math. Ann. 72, 562, 1912

⟨**22-218L**⟩

Wigner Linienbreite *nach* Dirac,
            Z.P. 63, 65 (*zusammen mit* Weisskopf)
Rumer *Wellentheorie des Lichtquants*
            (*Analogie zur* Dirac. Gl.), Z.P. 65
Kossel *Quantentheorie und Chemie,* Nat. 1919
Kuhn   f. Summensatz
            Z.P. 33, Nat. 13; Z.P. 34 (Thomas)
Debye Kohäsion (*erklärt durch* Quadrup.)
            Münch. Ber. (math. ph. Kl.) 1915, p. 1
            P.Z. 21 (1920), p. 179 (von d. Waals *Kräfte*)
            P.Z. 22 (1921), p. 302 (*abstoßende Kräfte*)
            [P.Z. 20 (1919), 160 (*Beginn der vorhergehenden Arbeit*)]

⟨**22-218R**⟩

Uhlenbeck
-Gondsmith (Spinhyp.)
            Nat. 13, 953, 1925
            Nature 107, 264, 1926
~~Thomas~~ ~~rel. Spin,*Ableitung des*~~
[Voigt   *klassische Erklärung des anomalen* Zeemann
            Ann. 3 (63), 1897]
Lorentz H. A. 1.) Über die Grösse v. Gebieten
            ⌊*Zerrühren von Gesamtheiten*⌋ in einer *n-fachen*
            Man.faltigkeit, Ges. Abh. 1, p. 151, Leipzig 1906
            2.) Über den II. Haupts. der Thermodyn. u. dessen Bez.
            zur Molek.theorie, Ges. Abh. 1, p. 202

8 Literatur Physik

⟨22-219L⟩

Ehrenfest *über das Zerrühren*, Wien. Ber. 115 (1906), p. 89
Fermi *über Gasentartung*, Z.P. 36, (1926)
Diffuse Reflex.
⟨Umov⟩ Theor. Umov, P.Z. 6, 1905
⟨Woronkoff⟩ Exp. Woronkoff, P.Z. 20, 1923
Thomas Rel. Abl. *des Spin Elektrons*
  Nature 117, 514, 1926
  Phil. Mag. 3, 1, 1927
⟨Frenkel⟩ Z.P. 37, 243, 1926 (Frenkel)
Herzfeld *Bericht über die Methode zur Bestimmung der Molekülgröße*
  Jahrb. Rad. 19 (1923), p. 259

⟨22-219R⟩

Holtsmark *Druckverteilung der Spektrallinien nach Stark,*
  P.Z. 25 (1924)
  Z.P. 31 (1925)
Kottler *Beugung an schwarzen Schirmen,* Ann. Ph. 23, 24
  Physikalische Grundlagen der Relativitätstheorie,
  Ann. Ph. 18 *und* [*Wiener Berichte* 22, 12]
Wirtinger Inf. Geom. *und Erfahrung,* Hamb. Sem. 25
Planck Die phys. Struktur des Phasenraums, ~~ca. 1915~~
  Ann. Phys. 50, 1916, 385
  Ferner, besonders Anwendung auf Quanten,
  V.D.P. 17 (1915), 407, 438

⟨22-220L⟩

Schwarzschild Zur Quantenhyp. (Nachlass), Berl. Ber. 1916, p. 548
Sommerfeld *Frage des Genzmoments* $\frac{e^2}{c}$ *das nicht unterschritten werden kann* Münch. Ak. 1916, Nov.
  Quantenbedingungen für mehrere Freiheitsgrade
  Sitz. Ber. Münch. Ak. 1915 Dez., 1916 Jan.
  & Ann. Ph. 51, 1 (1916)
⟨Wilson⟩ *gleichzeitig* Wilson, Phil. Mag. 29, 1915
  Koord. Wahl, Phil. Mag. 31, 1916
Epstein Ann. Ph. 51, 168, 1916
  Ann. Ph. 50, 489, 1916

⟨22-220R⟩

Pauliprincip
teilweise Sep.
Epstein   V.D.P. 19 (1917), 116 §4
⟨Sommerfeld⟩   Beugungsersch., Gött. Nach. 1894, p. 341
                Math. Ann. 47, 319, 1896
⟨Voigt⟩   schwarze Schirme Voigt, Gött. N. 1899
⟨Sommerfeld⟩   Zs. Math. Ph. 46, 1901
⟨Debye⟩,
⟨Sommerfeld⟩   lichtelektrischer Effekt durch Aufzeichnung,
                    Ann. 41, 1913, p. 886
Ehrenfest   Adiabatenprinc., Ann. P. 51 (1916), p. 327
                    aufgestellt schon um 1913
Pauli   Ausschließungsprinzip, Z.P. 31, 1925, 765
                Elektr. spin, Z.P. 43, 1927, 601 *
Pauliprinc. quantenmechanisch formuliert
Hei⟨senberg⟩   Z.P. 38, 1926, (411)
Dirac   Proc. Roy. 112, 1926, (661)
Abl. von Pauliprinc. aus allgemeinen Voraussetzungen
Jordan, Wigner Z.P. 47 (1928), (681) ⟨631?⟩
[ferner:
⟨Heisenberg⟩   Z.P. 39, 499, 1926;
                41, 239, 1927]

Wood   ⌊ähnlich Gaviola 1928⌋ Beweis, dass Int. der
                    Zentrallinien nur von der Anzahl der Atome im
                    höheren Niveau abhängt? ca. 1925
Metastabile Zustände:
⟨Wood⟩   Proc. Roy. 106, 679,
Donat   Z.P. 29, 345 (beide 1924)

* ferner Darwin, Proc. Roy. 116, 227 (1927)

⟨22-221L⟩

Hei⟨senberg⟩ Z.P. 37, 263, 1926
Ornstein   absolute Messung der Int. von Spektrallinien
                    und Verschärfung des Korrelationsprinzips
2. Quantisierung
Dirac, Pauli, Jordan, Klein, Wigner
Darstellung der Quantenmechanik
Dirac   Proc. Cambr. Phil Soc., Oct. 1928
London   Z.P. 40, 193, 1926
Jordan   Z.P. 40, 809, 1927, Gött. N. 1926, p. 161
Dirac   Proc. roy. 113, 621 (1927)
5. Solvay Kongress Brüssel 1927
Physikalische Grundlagen der Quantenmechanik, Bericht erschien 1928.
Titel: Electrons et photons

Quantentheorie u. Chemie
Kossel   Ann. P. 49 (1916), 229
Lewis   J. am. chem. soc. 38 (1916), 762
[alte Quantentheorie
Born, Landé   Berl. B. 1918, V.D.P. 20, 1918
Born, Heisenb. Z.P. 14 (1923)]
Wang   Phys. Rev. 31 (1928), 579, *Berechnung von* Dissoc. Energ.

⟨**22-221R**⟩

*Sämliche möglichen Reaktionsmöglichkeiten zweier Atome
in erster Näherung berechnet,*
London   Z.P 50, 1928 (24),
            Z.P. 46, 1928, 455
Spezialfälle schon früher,
Heitler   Z.P. 47, 1928, 835
Zusammenhang zwischen Quantenmechanik und Gruppentheorie,
E. Wigner   Z.P. 40 (1926), 883
            Z.P. 42 (1927), 624
G.N. Lewis Valence and the structure of atoms and molecules,
            Am. Chem. Soc. Monographs Ser., 1923
E. Wigner,
E. E. Wittmer *Bindungsmöglichkeiten angeregter Atome,*
            Z.P. 51 (1928), 859
*Untersuchung eines molekularen Spektrums, um Schlüsse
über die Molekülstruktur zu ziehen,*
[Heittler u.
  Herzberg Z.P. 53 (1929), p. 52]
Darin verwendete Methode auseinandergesetzt in:
Franck   Z. phys. Chemie 120 (1926), p. 144,
und in
Sponer   Erg. ex. Wiss. 6, 1927, p. 75
Bandspektren
Hund   Z.P. 42, 92, 1927 (*Drehimpuls des Stickstoffkerns, p. 112*)

⟨**22-222L**⟩

Kräfte zwischen Edelgasatomen
Unsöld   Z.P. 43, 563 (1927)
Näherung der chemischen Kraft durch klassisches Pot. zwischen Atomen
Born   Ann. 84 (457), 1927
Eddington Feinstrukturkonst.
⌊*Das ist alles von Edd. in 117–138.*⌋
            Proc. Roy. Soc. 121, p. 524, electron
            122, p. 358, electron, *hier* 136
            126, p. 696, verbessert = 137
            $\frac{R}{\sqrt{N}} = \frac{e^2}{mc^2}$, 133, p. 605, kosmolog.

$10x^2 - 136x + 1$; $\frac{x_1}{x_2} = 18476$, 134, p. 524, mass of proton
138, p. 17
⟨Kovarik⟩ The age of the earth, A. F. Kovarik,
　　　　　Bull. Nat. Res., Counc. No. 80, 1931 (Washington)
A. Eddington The Rotation of the Galaxy (Halley Lecture),
　　　　　Oxford Univ. Press, 1930

⟨22-222R⟩

Kosmische Strahlung
Korpuskuläre Natur
Bothe　　　Berl. Ak. 1930, 450
Position
Anderson　　Ph. Rev. (2) 43 (1933), 491, Kosmos
Meitner　　Nat. 21 (1933), 468, Laborat.

Lemaître　　Ph. Rev. 43 (1933), 87
　　　　　(*kosmische Strahlen = Sprengstücke der Weltexplosion*)

Milne sches Universum

Milne　　　Nature 130 (1932), 9, 507
　　　　　Z. f. Astophys. 6 (1933), 1
　　　　　Monthly Not.× 93 (1933), 668 (= Erwider.)

E. Freundlich Nat. 21 (1933), 54

× Monthly Not. Roy. Astron. Soc. London

⟨22-223L⟩

Expand. Universum
A. Eddington The expanding universe, 1933 (*vielleicht* 1932)
Friedmann　Z.P. 10, 1922, p. 377
Lemaîtres　Monthly Not. 91 (1931), 483
　　　　　[*und* Ann. Soc. Sci. Bruxelles,
　　　　　　Serie A, 47, Partie 1, 1927]
Diskussion von Lemaître'*scher obiger Arbeit durch* Edd.
Eddington　Monthly Not. 90, 1930, 668
Vereinfachung im Sinn v. Milne
A. Einstein,
W. de Sitter　Proc. Nat. Ac. Sci. Wash. 18 (1932), 213
Freundlich　*Referat über gegenwärtige Anschauungen über
　　　　　das Universum,* Nat. 21 (1933), 86
Robertson　Rel. Cosmologie, Reviews of Modern Physics,
　　　　　(Am. Inst. of Physics) 5 (1933), 62
W. de Sitter　Exp. Univ. and Time-Scale,
　　　　　Monthly Not. 93 (1933), 628
O. Heckmann Gött. Nachr. 1931, p. 130, *Gleichung* (14)
　　　　　gibt für $\alpha = B = 0$ *die Gleichung der
　　　　　expand. Welt mit „staubartiger" Materie
　　　　　(ohne Druck), aber ohne Lösung.*

⟨22-223R⟩

Berger,
Kornmüller   *Hirnphänomene in Verbindung mit elektrischen*
             Strömen??
Quantentheorie u. Biologie u. Psychologie,
insbesondere Verhältnis der physikalischen zur biologischen
Individualisierung (Entelechie)
Jordan   Nat. 20, 815, 1932
             Erk. IV, 215, 1934
Bohr   Nat. 21, 245, 1933
Jordan   Neues Jahrb. f. Wiss. u. Jugendbild 10, 74, 1934
[Jordan   *Behandlung der* Polaris. *des Lichtes,*
             Z.P. 44, 292, 1927]
[Bleuler   Nat. 21, 100, 1933, Mneme
Du Bois Reymond ? ⟨? Folgerungs⟩problem der Biologie]
Jordan   *Stetiger Übergang zwischen Objekt und Subjekt,*
             Nat. 22, 485, 1934
Jordan   [*neueste*] Deutsches Volkstum
             Differenzierung der verschiedenen Gruppen
             von Nebeln
⟨Sommerfeld⟩ Nat. 15, 855, 1927,
             Elektron. Theor. d. Metalle (Voltaeff. etc.)
Sommerfeld   Nat. 15, 1927, H. 41
             Nat. 16, 1928, 374
             Z.P. 47, p. 1, 43
             Nat. 1934

⟨22-224L⟩

Forts. Eletr. Met.
Fowler   Proc. roy., Ser. B, Feb. 1928
Nordheim   Z.P. 46, 833
⟨Corbino⟩   Volta eff. (exp.?), Corbino, Phil. Mag. 4, 1927, 436
ferner eine erste von
Houston   1928 ?
Silberstein *Anwendung von Quaternionen auf die Relativitätstheorie,*
             J. de. Phys., 5 ser., II Bd., p. 664, 1912
             Phil. Mag. 15, 150, 1913
Kottler   Ann. Ph. 70, 405, 1923
             Ann. Ph. 71, 475, 1923
             [*Berichtigung, bloß Druckfehler,* 72]
             Erwiderung auf Einwände   1924
             vorläufige Mitteilung, Wien. Ber. IIa 129, 3–25, 1920 ⊗
Larmor   Huigh. ⟨Huygens⟩ Princ., Proc. Lond. Math. Soc., 1, 1903
⊗ Untertitel: „Emissionstheorie des Lichtes und Quantenhypothese",
   Diese soll ausführlich in einer Publikation besprochen werden, welche
   VII 1924 *in Vorbereitung war.*
   Ähnliche Frage behandelt in
H. Bateman On the theory of light quanta, Phil. Mag. 46, 977, 1923

⟨**22-224R**⟩

Bohr   *Grundpostulat* p. 157: *Notwendigkeit der Wellentheorie*
Beugungsint. (*Umwandlung in ein Linienintegral*) *und Errechnung der*
⟨?⟩ *Optik als Grenzfall*
Kirchhoff   Wied. Ann. 18 (1883), §3
Rubinowicz Ann. 53 (1917), 157, *Asorption im Weltraum*?
Darwin   *Einführung einer vektoriellen Wellenfunktion*: (Spin)
           Nature 119, 282, 1927
⟨Heisenberg⟩,
⟨Jordan⟩   Spin *durch zweideutige Wellenfunktion,* Hei. Jord. *,
           Z.P. 37, 263, 1926
           * [gar keine Wellenfunktion, sondern Matrizen]
Sommerfeld *Planck, zum* 60. *Geburtstag,* Nat. 6, 1918
Schott   *Möglichkeit, die Strahlungsfreiheit des Atoms klassisch
           zu erklären,* Phil. Mag. 36 (1918), p. 2161 ⟨? 216⟩
Poinaré   *Versuch eines Modells für das Elektron*?
Rubinowicz *Quantelung des Äthers zur Erklärung der
           quantenhaften Ausstrahlung,* P.Z. 19, 1918, 441
           = *Quantisierung des Systems* Atom + Äther

⟨**22-225L**⟩

Ehrenfest   P.Z. 8 (1907), *kritische Diskussion der Grundlagen
           des Entropiesatzes*
Ehrenfest   *Untersuchung der Voraussetzungen, die für den
           2. HS. nötig sind* *, P.Z. 15 (1914), 657
Kritik und Verallgemeinerung davon,
Smekul   P.Z. 19 (1918), p. 137, 200
* *Hauptvoraussetzung ist scheinbar die* adiab. *Invarianz des
   Wirkungsintegrals*
Pauli   *Hinweis und Notwendigkeit der Änderungen der
           alten Quantentheorie,* Hb. 23, p. 124, 144 (1. Aufl.)
           Unmöglichkeit, den Lichtquanten Bahnen zuzuordnen,
           Hb. 24 |*oder vielleicht* 23?| (1. Aufl.), p. 82 (Kap. 1)
Smoluchowski *über statistischen* 2. Haupts.
H. Witte   P.Z. 11, 1005, 1910
⟨Smoluchowki⟩ *Länge der Wiederkehrzeit,* Smol., Wien. Ber. 124, 1915
           P.Z. 16, 1915

⟨22-225R⟩

Stat. *Charakter der Quantenmechanik diskutiert,*
Jordan   Nat. 15, 105, 1927
Born   Nat. 15, 238, 1927

Literatur Nachschlagewerke
Fortschritte der Physik
Halbmonatl. Literaturverz. der Fortschritte
Beiblätter zu Ann. d. Ph. u. Ch.
Physikalische Berichte ab 1./I. 1920
Science abstracts, hg. von Phys. Soc. Lond.
Chemiker Kalender

Helmholtz	*Bedingungen für die Existenz eines kin. Pot.* Crelles Journal 100, (137), 1896
Hilbert	*Unabhängigkeitssatz der Variationsrechnung* Math. Ann. 62, 352, 1905, *und wahrscheinlich eine frühere Arbeit*

Pauli	*statistisches Quantengesetz für die Streuung* Z.P. 18, 272, 1923 Z.P. 22, 201, 1924
Einstein, Ehrenfest	*weiterer Ausbau,* Z.P. 19, 301, 1923
K. F. Herzfeld	*Zusammenhang mit geänderter Fortpflanzungsgeschwindigkeit,* Z.P. 23, 341, 1924

⟨22-226L⟩

G. Mie   Z.P. 33, 33 & P.Z. 26, 665, *Vorschlag der Änderung
            der Ruhemasse des Elektrons bei Streuung an freien
            Elektronen, weil es nicht* Imp. *und Energie
            eines Lichtquants aufnehmen kann.*

Starres Elektr. *in spezieller Relativitätstheorie*
Born   Ann. 30, 1, 1909
Ehrenfest   P.Z. 10, 918, 1909

Adiabatenprinc.
Ehrenfest   Nat. 11, 543, 1923
            Ableitung des Ad. princ. *und* II. H.S.,
            P.Z. 15, 660, 1914

II. Quantisierung, Vorläufer:
Jordan u. Wigner Z.P. 47, 631, 1928

Huyghens   *Versuch einer* Rel. Theorie *für die* Newton*sche
            Mechanik,* J.B.D. Math. Ver. 29, 136, 1920
Hahn   Rec. v. Weyl   Mh.
Prinzing   Hb. der med. Statistik, Jena, G. Fischer, 1931
            2. Handbd. p. 430, Statistik *der Todesursachen*

⟨22-226R⟩

Eggert *und*
Noddack   phot. *Entwicklungsprozess,* Z. Elektrochemie 32, 496, 1926
Weyl   *Massenträgheit und Kosmos*, Nat. 12, 197, 1924
          Geom. u. Physik, Nat. 19, 49, 1931
E. Du Bois-
Reymond *Über die Grenzen des Naturerkennens,* 1872
Mach   *Geschichte und Wurzel des Satzes von der Erhaltung der Arbeit –*
          Gauss *zitiert als Erfinder der Zahlentheorie,*
          Fermat, Euler, Lagrange, Legendre
Entdeckung des Neutrons
Chadwick Proc. roy. Soc. A 136, 692, 1932
Feldquantisierung
1. Dirac   (*Lichttheorie*) Proc. Roy. Soc. 114 (1927), p. 243, 710
2. Mie   Ann. (4), 85, 711, 1928

⟨22-227L⟩

2a. Tetrode   Z.P. 49, 858, 1928
3. Heisenberg
   u. Pauli   Z.P. 56, 1929
              ⟨Z.P.⟩ 59, 168, 1929
              ⟨Z.P.⟩ 63, 574, 1930
4. Rosenfeld Ann. de Physique 5, 113, 1930 (*oder* Ann.)
              und Bericht darüber, Mém. Inst. Poinc., Bd. 2, 24, 1932
              (*und kurze Bemerkung* Z.P. 58, 540)
5. Fermi   (*Bericht*) Rev. of Mod. Physics, Bd. 4, 87, 1932
6. Heisenberg Ann. (5) 9, 338, 1931
[7. Born *und*
    Rumer   Z.P. 69, 141, 1931]
8. ⟨Pauli⟩ Hb. 24/1, p. 247
9. Born   Proc. Roy. Soc. A 143, 410, 1934
Berücksichtigung der Retardierung
Breit   Phys. Rev. 34, 553, 1929
           ⟨Phys. Rev.⟩ 36, 383, 1930
Möller   Z.P. 70, 786, 1931

⟨22-227R⟩

~~Schlick~~
(*oder* Gompertz) *Systeme der großen Denker?*
Nobelpr. Stat. I314.230
De Haas   *Tiefste erreichte Temperatur* 0·0044°K, Nat., 1935
Brouwer   Int. and Formalism, Bull. Am. math. Soc. 20 (1913)
[Boole   Invest. of the Laws of thought]
Leibniz   Phil. Schr. Ed. Gerhardt, VII, S. 184–189,
             Idee des calc. rationc. ⟨*sic*⟩
Klein   Über nichteulidische Geometrie,
             Ges. ⌊math.⌋ Abh. I, S. 254, 311
             Vergleichende Betrachtungen über neue geometrische
             Forschungen, Ges. math. Abh. I, S. 460
Helmholtz   Über die Tatsach. ... (1868), Abh. II, S. 618
Riemann   Hab. *Vortrag,* [*Über die* ~~Tatsachen~~ Hyp.,
             welche der Geometrie zugrunde liegen], Gött. 1854
E. Bleuler   1. *Naturgeschichte der Seele,* II. Aufl., 1932
             2. *Die* Psychoide *als Prinzip der organischen*
                Entwicklung, 1925
             3. *Mechanismus,* Vitalismus, Mnemismus, 1931,
                1, 2, 3, Springer, Berlin

⟨22-228L⟩

             4. Welt, *Gehirn, Geist,*
                Polska Gaz. lek., 1930, No. 44/45 (deutsch)
             5. Biolog. Psych. (polem.), Z. Neur. 83, 553 (1923)
Semon   *Die Mneme als erhaltendes Prinzip im organischen*
             Geschehen, 1904
Hering   *Über das Gedächtnis als allgemeine Funktion*
             der organischen ⟨*sic*⟩*Materie,* Wien, 1870
Exp. *zum Beweis von Vererbung erworbener Eigenschaften*
McDougall   J. Psych. 20, 201, 1930
             [*Empfindlichkeit* phot. ⟨? *Schicht*⟩,
                Din. *Mitteilungen* 16, 321 (1933)]
Tolstoi   Herr *und* Knecht, *und Erzählung, in der der*
             zum Tode Verurteilte vorkommt?
Fisher, Wright, Haldane, 3 *Biologen, welche die* Evolut. *Theorie*
auf mathematischer Grundlage betreiben. Ferner auch Ford
Muller   *hat scheinbar etwas über* Mutat. *geschrieben*
             (*in Amerika,* Röntgen mut.)
E. D. Adrian The Mechanism of Nervous Action,
             Oxf. Univ. Press 1932 (Nobelpreisträger)

⟨22-228R⟩

H. Speemann Induktion *entdeckt* 1921, Nat. 20, 971, 1932
Sherrington *Versuch über Wichtigkeit der Nachricht von der*
  Peripherie *über Ausführungen der Muskelbewegungen,*
  zu dem Zustand kommen koordinierte Bewegungen.
H. Stubbe Müncheberg, *Arbeiten über* Mutationen
~~Eddington~~ ~~*neues Buch*~~
~~*Stärke der Auflage wissenschaftlicher Bücher*; Verlagsvertr.;~~
Universitäts- und Schulstatistik; *Bildungs*-Statistik
[Meyerhof Hb., *Thermodynamik des Lebensprozesses,*
  und ein Buch Chemical Dyn. of Living Matter]
Detektorkonstr. Hb.?
[Donaudampfschiffahrt, *Ausflug mit Konzert*
  Sperrmark]
Reichenbach *Zeitrichtung und Kausalität*?
~~Sierpinski~~ ~~Mengenlehre, Hypothese der cont.?~~
Köhler, etc. *Gestalttheorie*

⟨22-229L⟩

H. Bolza E. S. Mittler u. Sohn, 1932, 74p., 17 × 25cm RM 3·50
Thomson J. J.
und P. G. Cond. of electr. through gases
Speisen A. *Die mathematische Denkweise,* Rascher u. Co., 1932,
  RM 5·50, *hier das Problem der Melodie behandelt*
Dasselbe in
Mach Anal. Emp., p. 87, 6. Aufl.
  Pop. Vortr., p. 100, 5. Aufl.
J. Fischer *Erläuterungen zur* Interp. *Ausgabe,* Lienau 1926
[Saha, M. N. Textbook of heat, Allahabad, The Indian Press, 1931]
Joos, G. *Lehrbuch der theoretischen Physik,* Ak. Verl. Ges. 1932
  644p., RM 26
Rademacher H. *Zu den Zahlen und Figuren,* Springer 1933, 7·80
Wasser mit Silbersalz desinfiz., *ohne Trinkbarkeit zu zerstören*
[Naef Vorstufen *der* Menschwerdung, G. Fischer, 1933]
Osty (Paris) Parapsych., *Untersuchungen mit modernen*
  Mitteln?
<u>Gibt es ein Buch über</u>: Psychologie *der Medien* [⟨?⟩ *Fähigkeit*]
  Joga prakt., myst. Versenkung, religiöse Ekst., *Besessenheit*?

⟨22-229R⟩

S. J. Jeans	The New Background of Science,
	Cambridge Un. P., 1933
	The mysterious Universe ⟨?⟩
Jordan	Stat. Mechanik (Die Wissenschaft, Bd. 87)
	110p., 1933, Vieweg
Köhler	Psychol. Probl., Springer 1933
Kramers	*Grundlagen der Quantentheorie,*
	in Hand- und Jahrbuch der chemischen Physik
	von Eucken *und* Wolf, Ak. Verl. Ges. 1933
⟨Lüdtke⟩	Minerva, Jahrb. d. gelehrten Welt, G. Lüdtke
	(F. Richter), W. de Gruyter 1933/34 (31. Jahrg)

[Schlagwortregister *für das Gesetzesblatt Universität*]
Hartmann Allg. Biologie, 2. Aufl., Fischer 1933

⟨22-230L⟩

Henseling	Astronomie f. Alle, Francksche Verl. Handl. 1929,
	hier eine gute Einführung in die moderne Geologie,
	(Kap. 3)
Marr J. E.	Depos. of sedim. rocks, Cambridge 1929
Sierpinski	*Auswahlaxiom,* Bull. Ac. Sci. Crac. (math. Kl.),
	Ser. A, 1918
~~Kuratowki~~	~~Axiom. Mengenlehre, Ann. Soc. Pol. Math. 3, 1925~~
Sierpinski	Poln. Monographien, Sur l'hyp. du continue
E. Mattiesen	*Der jenseitige Mensch. Eine Einführung in die* Metaps.
	d. myst. Erfahrung, 1925, Kap. 33, 34, *und* p. 708 W. James
(Wobbermin)	1907, *übersetzt von* G. Wobbermin, *Die religiöse*
	Erfahrung in ihrer Mannigfaltigkeit, Kap. 10, p. 366
Österreich	*Einführung in die* Relig.-psychol., 1917
Gruehn	~~Einführung in die~~ Relig.-psychol., Jedermanns Bücherei, 1926

⟨22-230R⟩

Ch. Richet	*Grundriss der* Parapsychol. *und* Parapsychophysik
L. Feuerbach	Das Wesen der Religion
E. Schlink	Emotionale *Gotteserlebnisse*
Deussen ˣ	Gesch. Phil., I3, 511 ff., Joga Katech.

[Tarski, *tausend Bände in einem indischen Kloster in den letzten Jahren
  gefunden und noch nicht übersetzt*]
ˣ mit Kommentar von J. H. Woods, Yogasyst. of. Pat., 1914?

⟨Mandel⟩	Metapsychologie, Herm. Mandel, 1935, *Abhandlung und*
	Monographie zur Philosopihie des Wirklichen, No. 6
	J. A. Barth, hg. Jaensch

A. Schweitzer *Die* psychiatr. *Urteilung* Jesu, 1913
Heidegger Sein und Zeit, <u>Husserl</u>
Patai *Resultat über Kardinalzahlen*, Zs. f. Math.
Mahlo *über Unerreichbarkeit Ordinalzahl-Standpunkt*
  [*bei* Schoenflies?]
Bergson *Beschreibung des Bewusstseinflusses*

⟨22-231L⟩

Spinoren
Dirac Proc. Roy. A 117, 610, 1928
Weyl Elektr. u. Grav., Z.P. 56, 330, 1929
Fock *Geometrisierung der Diracschen Theorie des Elektrons*
  Z.P. 57, 261, 1929
Schouten J. Math. Ph. 10, 239, 1931
van der Waerden Gött. Nachr. 100, 1929
~~v. Neumann~~ ~~Math. Zs. 3~~
Kontinuierl. Gr.
⟨van d. Waerden⟩ Vorl. Gött. 1929, van d. Waerden
Eisenhart
Weyl Vorl. 1933/34 Princeton
⟨Haar⟩,
⟨v. Neumann⟩ Abh. Haar, v. Neumann, Annals 1933,
⌊Kont. Gr., Memorials des Sciences⌋
Veblen *Konforme* Diracgl., Proc. Nat. Ac. Sci., 21 Juli 1935

⟨22-231R⟩

Cartan *veröffentlicht von der* Ac. d. Sci. Paris, Fascicule 42,
  Cartan 1930
Hausdorff (*unter dem* Pseudonym P. Mongré) *Das* Chaos
  in kosm. Ausl.
Euler, Kockel Nat. 23, 246, 1935
Pontrjagin *Stetige Körper*, Annals II ser. 33, No. 1, p. 163
Mechanische Interpretation der Maxwell*schen Gleichungen*
(*und bessere Welt*):
W. Thomson Vortex Atoms, Phil. Mag. (4), Bd. 34, 1867
V. Bjerknes *Vorlesungen über* hydrodyn. *Fernkräfte*
  Leipzig, 1900
A. Korn *Mechanische Theorie des elektromagnetischen Feldes*
  Ph. Z. 18, 19, 20 (1917–19)

⟨22-232L⟩

E. Frank	Plato *und die sogenannten* Pytagoräer, Halle 1923
W. Jaeger	Aristoteles (Berlin 1923), *besonders Abhängigkeit von* Plato
O. Becker	(*sehr gelobt von* Weyl) Phänomen. *Begründung der* Geom., Husserl's Jahrb. 6 (1923)
⟨ Cassierer	*Erkenntnisproblem und* Phil. *Wissenschaft*, 1906/7 ⟩
Cassierer	Subst.*begriff und Funktionsbegriff*, 1910
Mie-sche Th.:	
⟨Mie⟩	Ann. Phys. 37, 38, 39, 1912/13
Lindemann	Naturw. 11 (1923), p. 961, *andere Erklärung für die Ortsverschiebung der Nebel*

⟨22-232R⟩

Naturw. ca. 1921–24 (*oder länger*),
in den Astron. Mitteilungen Beobachtungen *über die Gasnatur der Spektralnebel*

De Sitter	*erste* Publ., Monthly Notices of R. Astr. Soc. London, Nov. 1917
⟨Bernheimer⟩	*über klassische Theorie der Welt im Ganzen*, Ref. v. Bernheimer, ⟨Nat.⟩ 10, 481, 1922
Kant	(*Grundwerk*) Physische Monadologie
[Andrade	1898, Lecons de méc., *rechnet die Schwerkraft zu den Trägheitskräften* (*natürlicher Lauf der Dinge*)]

⟨22-233L⟩

Liénard-Wiechert*sches Elektron, wo*?
(*wahrscheinlich = Elektron mit retard. Pot.*)

Heitler	Z.Ph. 46, p. 49, *Austauschenergie*
Bohr	Phys. Rev. 48 (1935), p. 696, vgl. *insbesondere* p. 700 *links unten* (Antw. *auf* Einstein)
Schrödinger	Nat. 23 (1935), p. 807, 23, 43 (Antw. *auf* Einst.), <u>hier auch viele Zitate über Quantenmechanik,</u> <u>besonders</u> p. 849
Eddington	Relat. Theory of Proton & Electron, *Buch erscheint* 1936
⟨Hilbert⟩	Gött. Nachr. 1915, p. 402, *behauptet Hilbert: Wenn die Gravitationsgleichungen aus einem Wirkungsprinzip folgen sollen und nur Differentialquotienten*

⟨**22-233R**⟩

zweiter Ordnung enthalten sollen, muss die Wirkung die Form haben R + c (wobei R die skalare Krümmung und c eine Konstante ist). Genauer: Das folgt unmittelbar aus dem, was er sagt.

Personenverzeichnis

B
Bethe, A., 76, 112
Bleuler, E., 73, 110
Bohr, N., 31, 32, 35, 43, 60, 65, 84, 101
Boltzmann, L., 29, 38, 51, 78, 101, 103, 128

C
Compton, A. H., 33, 106

D
de Broglie, L., 36, 58, 107, 128
Debye, P., 33, 106, 128, 129
Demokrit, 73
Dirac, P. A. M., 34, 36, 75, 85, 112
Driesch, H., 110

E
Eddington, A. S., 53, 78, 79, 82, 114
Ehrenfest, P., 39
Einstein, A., 36, 57, 58, 63, 108, 128
Epstein, P. S., 39
Exner, F., 31, 71

H
Haas, A. E., 67
Hahn, H., 72
Hartmann, M., 110
Heisenberg, W., 33, 54, 55, 71, 84, 105
Hilbert, D., 69

J
Jeans, J., 84, 111
Jordan, P., 37, 42, 60, 61, 66, 75, 85, 107, 112

K
Kaluza, T., 128
Kant, I., 63, 77, 108
Kosel, W., 42

L
Lehár, F., 97
Leibniz, G. W., 63, 69, 73, 108
London, F., 33
Lorentz, H. A., 63, 108

M
Maxwell, J. C., 36, 90, 105, 114, 129

N
Newton, I., 36, 63

P
Perles, J., 39, 102
Planck, M., 59, 69, 105, 109, 110
Platon, 63, 73, 108

R
Rubinowicz, A., 28, 46
Russell, B., 69, 109

S
Scherrer, P., 33
Schrödinger, E., 31, 32, 60, 71
Semon, R., 73
Smoluchowski, M., 67
Sommerfeld, A., 42, 128
Spemann, H., 110
Szilar, L., 51

© Der/die Herausgeber bzw. der/die Autor(en), exklusiv lizenziert durch
Springer-Verlag GmbH, DE, ein Teil von Springer Nature 2021
T. Lethen und O. Passon (Hrsg.), *Kurt Gödels Notizen zur Quantenmechanik*,
https://doi.org/10.1007/978-3-662-63808-8

T
Thompson, J. J., 128

V
von Mieses, R., 84

von Neumann, J., 31, 59, 67, 85, 99, 106, 124

W
Weyl, H., 65, 85

MIX
Papier aus verantwortungsvollen Quellen
Paper from responsible sources
FSC® C105338

If you have any concerns about our products,
you can contact us on
ProductSafety@springernature.com

In case Publisher is established outside the EU,
the EU authorized representative is:
Springer Nature Customer Service Center GmbH
Europaplatz 3, 69115 Heidelberg, Germany

Printed by Libri Plureos GmbH
in Hamburg, Germany